科／普／经／典

成／才／宝／典

刘健飞◎著

中国科普作家协会　鼎力推荐

少儿科普
名人名著书系

SHAOER
KEPU
MINGREN
MINGZHU
SHUXI

典藏版

数学奇观

U0265169

长江出版传媒　　长江少年儿童出版社

打开"科学阅读"这扇窗

成长中不能没有书香,就像生活里不能没有阳光。

阅读滋以心灵深层的营养,让生命充盈智慧的能量。

伴随着阅读和成长,充满好奇心的小读者,常常能够从提出的问题及所获得的解答中洞悉万物、了解世界,在汲取知识、增长智慧、激发想象力的同时,也得以发掘科学趣味、增强创新意识、提升理性思维,获得心智的启迪和精神的享受。

美国科学家、诺贝尔物理学奖获得者理查德·费曼晚年时曾深情地回忆起父亲给予他的科学启蒙:孩提时,父亲常让费曼坐在他腿上,听他读《大不列颠百科全书》。一次,在读到对恐龙的身高尺寸和脑袋大小的描述时,父亲突然停了下来,说:"我们来看看这句话是什么意思。这句话的意思是,它是那么高,高到足以把头从窗户伸进来。不过呢,它也可能遇到点麻烦,因为它的脑袋比窗户稍微宽了些,要是它伸进头来,会挤破窗户的。"

费曼说:"凡是我们读到的东西,我们都尽量把它转化成某种现实,从这里我学到一种本领——凡我所读的内容,我总设法通过某种转换,弄明白它究竟是什么意思,它到底在说什么……当然,我不会害怕真的会有那么个大家伙进到窗子里来,我不会这么想。但是我会想,它们竟然莫名其妙地灭绝了,而且没有人知道其中的原因,这真的非常、非常有意思。"可以想见,少年费曼的科学之思就是在科学阅读之中、在父亲的启发之下,融进了自己的大脑。

DNA 结构的发现者之一、英国科学家弗朗西斯·克里克的父母都没有科学基础,他对于周围世界的知识,是从父母给他买的《阿森·米儿童百科全书》获得的。这一系列出版物在每一期中都包括艺术、科学、历史、神话和文学等方面的内容,并且十分有趣。克里克最感兴趣的是科学。他吸取了各种知识,并为知道了超出日常经验、出乎意料的答案而洋洋得意,感慨"能够发现它们是多么了不起啊!"

所以,克里克小小年纪就决心长大后要成为一名科学家。可是,渐渐地,忧虑也萦绕在他心头:"等到我长大后(当时看来这是很遥远的事),会不会所有的东西都已经被发现了呢?"他把这种担心告诉了母亲,母亲安抚他说:"别担心!宝贝儿,还会剩下许多东西等着你去发现呢!"后来,克里克果然在科学上获得了重大发现,并且获得了诺贝尔生理学或医学奖。

一个人成长、发展的素养,通常可以从多个方面进行考量。我认为,最核心的素养概略说来是两种:人文素养与科学素养。

前些年在新一轮的课标修订中,突出强调了一个新的概念——"核心素养"。

什么是"核心素养"?即学生在接受相应学段的教育过程中,逐步形成的适应个人终身发展和社会发展需要的基本知识、必备品格、关键能力和立场态度等方面的综合表现。核心素养不等同于对具体知识的掌握,但又是在对知识和方法的学习中形成和内化的,并可以在处理各种理论和实践问题过程中体现出来。

这里,我们不从学理上去深究那些概念。我想着重指出的是:

少年儿童接受科学启蒙意义非凡。单就科学阅读来说,这不仅事关语言和文字表达能力的培养,而且也与科学素养的形成与提升密切相连。特别是,通过科学阅读,少年儿童的认知能力、想象能力和创造能力等都能得到滋养和发展,可为未来的学习打下良好的智力基础。

现代素质教育十分看重孩子想象力和创造力的培育。国家领导人也发出号召:要让孩子们的目光看到人类进步的最前沿,树立追求科学、追求进步的志向;展开想象的翅膀,赞赏创意、贴近生活、善于质疑,鼓励、触发、启迪青少年的想象力,点燃中华民族的科学梦想。

想象力、创造力的形成和发展,又与科学思维密切相关。早在一个世纪之前的1909年,美国著名教育家约翰·杜威就提出,科学应该作为思维方式和认知的态度,与科学知识、过程和方法一道纳入学校课程。长期以来,人们一直也希望孩子们不仅要学习科学知识与技能,掌握科学方法,而且还要内化科学精神和科学价值观,理解和欣赏科学的本质,形成良好的科学素养。

在所有的课程领域中,科学可能是发现问题和解决问题之重要性的最为显而易见的一个领域。科学对少年儿童来说具有其特殊的作用,因为可以从生活与自然中很巧妙地利用孩子们内在的好奇心和生活经历来了解周围世界。

在今天的学校里,大多都设置了科学课程,且其重点和目标也由过去的强调传授基础知识和基本技能,转向了对科学研究过程的了解、情感态度和价值观以及科学素养的培养,以期为孩子们后续的科学学习、为其他学科的学习、为终身学习和全面发展打下基础。

除学校的科学课程之外,孩子们了解科学,通常主要是在家长的引导下开展科学阅读。这无疑也是培养少年儿童科学兴趣并提升其科学素养的一条有效途径，家长们应该予以重视，不要以为孩子们在学校里上了科学课，科学的"营养"就够了。著名教育家朱永新曾经把教科书形容为母乳，并总结出读书的孩子可以分为四种，值得我们深思：

一种既不爱读教科书，又不爱读课外书，必然愚昧无知；

一种既爱读教科书，又爱读课外书，必然发展潜力巨大；

一种只读教科书，不读课外书，发展到一定阶段必然暴露自身缺陷和漏洞；

一种不爱读教科书，只爱读课外书，虽然考试成绩不理想，但是在升学、就业受阻后，完全可能凭浓厚的自学兴趣，另谋出路。

这番总结似可昭示我们，阅读能力更能准确地预测一个人未来的发展走向，同时也显出了课外阅读的重要性。这样看来，读物的选择与阅读的引导就非常关键了。

"昨天的梦想，就是今天的希望和明天的现实。"许多成就卓著的科学家和科技工作者，都是在优秀的科普、科幻作品的熏陶与影响下走进科学世界的。好的科学读物可以有效地引导科学阅读，激发读者的好奇心和阅读兴趣，乃至产生释疑解惑的欲望，进而追求科学人生，实现自己的梦想。

为致敬经典、普及科学，2009年长江少年儿童出版社在中国科普作家协会的指导和支持下，精心谋划组织，隆重推出了"少儿科普名人名著"书系，产生了广泛的社会影响：入选国家新闻出版总署2009年（第六次）向全国青少年推荐的百种优秀图书、荣获第二届中国出版政府奖图书奖。此次全新呈现的典藏版，除了收录老版本中的经典作品外，还将甄选一批优秀的科普作品纳入，丰富少儿读者的阅读。

书页铺展开我们认识世界的一扇扇窗，也承载我们的梦想起航。愿书系的少年读者们，在阅读中思考，在思考中进步，在进步中成长！

尹传红

致少年朋友

亲爱的少年朋友,你喜欢数学吗?

数学,是一项造福于人类的伟大智力工程。宇宙之大,粒子之微,火箭之速,化工之巧,地球之变,生物之谜,日用之繁,无处不用数学。没有数学的高度发展,也就谈不上科学技术的现代化。今天,谁不懂得数学,谁就很难胜任各项工作;谁不精通数学,谁就不可能成为一名科学家。

亲爱的少年朋友,你知道什么是数学吗?

数学是一门十分古老的科学。远在人类社会发展的最初阶段,人类尚未发明出文字来记录自己的思想,最基本的一些数学概念就已经产生了。无论是那些古色斑斓的出土文物,还是那些古老神秘的象形文字,都用现在仍可理解的数学语言,讲叙着一个又一个远古人类在劳动中创造数学的动人故事。亲爱的少年朋友,你想了解数学是怎样起源的吗?你想知道我们勤劳智慧的祖先,有哪些天才的数学创造,有哪些"最美妙的数学发明"吗?

数学，又是一门充满青春活力的科学。伴随着现代科学技术的飞速发展，数学正以前所未有的规模，向所有的科学领域大进军，连那些过去很少使用数学的语言学、历史学、经济学……也都变成了数学家自由驰骋的疆场。新的数学分支如同雨后春笋，新的数学发明如同喷泉般涌现。亲爱的少年朋友，你想了解数学的现状吗？你想知道数学家又有哪些神奇的创造，数学王国新添了哪些辉煌的殿堂吗？

数学是"精确科学的典范"。它像一根精美的逻辑链条，每一个环节都衔接得丝丝入扣；每一步推理，每一道运算，都能找到严格的科学依据。亲爱的少年朋友，你想知道其中的奥妙吗？

数学，又是创造者的乐园。几千年来，数学以它特有的魅力，吸引着无数最具才华的青少年，去寻觅科学创造的欢乐。亲爱的少年朋友，你想知道有哪些著名的数学大师，有哪些尚未解决的著名数学难题吗？

数学王国是一个神奇的世界，让《数学奇观》引导你探幽揽胜，去这个神奇的世界做一次愉快的旅行吧！愿那些变幻莫测的数学迷宫，震烁千古的数学丰碑，数学家勇于探索的动人事迹，能激发你学习的兴趣和创造的欲望。

少年是科学的未来。未来数学的历史，将由你们去书写；未来数学的风采，将由你们去装点。愿少年朋友们从小学好数学知识，立志用科学创造美好的未来，将数学王国点缀得更加精彩纷呈。

亲爱的少年朋友，祝福你们！

刘健飞

1987 年 10 月于武汉

注：本书最初由湖北少年儿童出版社(现为长江少年儿童出版社)1988 年出版。

少儿科普名人名著书系

Contents · 目录

千变万化的形

数学奇观

著名外国数学家

数学纵横谈

最美妙的发明 ⇒

少儿科普名人名著书系

象形文字之谜

1858 年，一个叫莱因特的英国人得到了一部古代手稿。手稿上的文字怪极了，像一部天书，谁也看不懂。

《莱因特纸草书》第11题

瞧，它既不是英文，也不是法文，更不是德文、俄文……当时世界上，没有一个民族使用这种文字！看上去，它倒像顽皮的孩童随意涂在墙上的一幅图画。

这部手稿出土于古埃及首都的废墟里，按理说，埃及人应当是认识这些古怪文字的。可是不。他们说，这是一种非常古老的文字，他们的祖先早在几千年前就已经废弃不用了。

这是一份什么样的古代文献呢？一行行古老的文字，连接成了一串串的谜……

后来，人们在尼罗河西岸发现了一块有趣的石碑。这块石碑上，用三种文字镌（juān）刻着同一内容的碑文，最下面是希腊文，中间是埃及的草体文，最上面的是埃及最古老的象形文字。仔细比较这三种文字，科学家们终于揭开了这种古怪文字的秘密。

原来，莱因特得到的这部手稿，是一份很古老的数学文献，名字叫作《阐明对象中一切黑暗的、秘密事物的指南》。

这份文献的作者叫阿默士，是生活在公元前1800年左右的一个古埃及僧侣。他在卷首写道："书中的许多内容，都是从金字塔时代一份更古老的文献中抄来的。"算起来，距今差不多已有近5000年的历史了。所以，它是目前世界上能够见到的最古老的一本数学书。

这本书又叫《莱因特纸草书》。古时候，埃及人民不会造纸，他们把一种叫作纸莎草的水生植物的茎，切成一条条细长的薄片，并排合成一张，一层层地往上放，完全用水浸湿，再将水挤压出来，放在太阳地里晒干。晒干以后，再用圆的硬东西用力把它们压平滑。然后用削尖的芦苇秆蘸着颜料在上面写字。书写在纸莎草上的文献就叫纸草书。

纸草书是很难长期保存的，年代久远后它会干裂成粉末。《莱因特纸草书》能够流传到今天，这件事本身也是一个奇迹呢。

据纸草书记载，古埃及人发明了一套非常有趣的记数符号。其中，表示1的符号像根垂直的木棍，表示10的符号像一根踵骨，表示100的符号像一圈草绳，表示1000的符号像一朵莲花……

个　　十　　百　　千　　万　　十万　　百万

纸草书中的数字

表示 100 万的那个符号最有趣了。瞧，它多像一个人惊讶地举起了双手啊。

人们常说"天上的星，数不清"，其实，在最晴朗的夜晚，能用肉眼看见的星星也才不过 3000 颗。对于生活在 5000 年前的人类来说，是很难找出 100 万件东西来数的，100 万这个数已经大得不可思议了。所以，古埃及人用一尊支撑宇宙的神来表示这个数，但它看上去更像是个吃惊的人。

古埃及人就是用这套符号来记数的。记数时，它们用 10 个 1 来表示 10，用 10 个 10 来表示 100，用 10 个 100 来表示 1000…… 这一点，与现在的记数方法是相同的。

但由于没有专门表示 2、3 等数的符号，要表示这些数，就得把原来的符号重复写若干次，于是，现在只用几个数字就能表示的数，古埃及人不得不写上一大串。例如：

ᘳℂℰℰℰℰℰℰℰ⋂⋂⋂⋂⋂⋂⋂ⅠⅠⅠⅠⅠⅠ

要弄清这个数是多少，得先数数有多少个 1 和多少个 10，再数数有多少个 100 和多少个 1000，最后再把这些数加起来。也就是说，用这套有趣的符号来记数，还得注意遵守加法的法则。

用这套符号记数显然不如用现在的符号方便。但是，如果有谁因此而小看古埃及人的聪明才智，那可就大错特错了。要知道，当古埃及人娴熟地运用这套符号记数的时候，世界上的许多民族都还没有发明出文字，只会扳着手指头数数呢！

奇特的楔形文字

　　离埃及不太远的地方,有一个文明古国叫巴比伦。5000多年前,那里的人们发明了一种更为奇特的文字。瞧,这些数字的形状多么像楔(xiē)子啊!

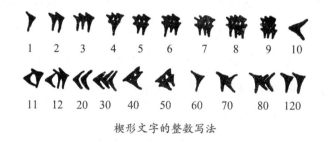

楔形文字的整数写法

　　这种奇特的文字叫作楔形文字。它是印在"泥书"上的。

　　那时,古巴比伦人不会造纸,又没有纸草,于是就用黏土作为书写的材料。书写文献时,他们先将小木棍的一端削成楔形,然后用它在软泥板上压出各种不同的刻痕。软泥板晒干或者烧干以后,就变成了一块坚硬如铁的"泥书"。"泥书"有大有小,最大的有现在的课本那么大,最小的与香烟盒差不多。

19世纪初期,考古学家经过系统的发掘,发现了大约50万块这样的"泥书"。经鉴定,其中有300块上的内容是纯数学的。这些在地下沉睡了几千年的"泥书",真实地记载了古巴比伦文明的辉煌成就,生动地再现了古巴比伦王国鼎盛时的风采。

在数学上,古巴比伦人很早就懂得了位值制的道理。位值制又叫地位制。在这种记数法里,一个数字究竟表示什么数值,要看它在整个数中处于什么样的"地位"。例如22,右边的那个2在个位上,表示2个1,即2×1;左边的那个2在十位上,表示2个10,即2×10。同样是2,由于所处的"地位"不一样,表示的数值就不同。

这种记数方法有一个突出的优点,就是可以用少量的记号表示众多的数。例如,要表示1987这个数,只用4个数字就够了,不必像古埃及人那样啰啰嗦嗦地写上一大串。马克思曾经高度评价位值制的产生,还称赞它是"最美妙的数学发明"呢。

说来有趣,古巴比伦人表示1987这个数,甚至不用4个数字,只用2个数字 ≪⟨⟩⟩⟩ 就够了。在这个记号里, 𝍫 是个位数,表示数7; ≪⟨⟩⟩ 是"十"位数,表示数33。

也许有人会问:按照十位数要乘10的规矩,这个记号表示的数是33×10+7=337,它并不等于1987呀?

这是怎么回事呢?

原来,古巴比伦人的记数方法不是10进位制的,而是60进位制的。在60进位制里,计数满60后才能向高位进1,所以,它的"十"位数不能乘 10，而是要乘 60。这样，在古巴比伦人的那个记号里，33 × 60=1980，加上个位数 7，合起来就正好是 1987。

在常用的记数方法中，60 进位制是最高的一种进位制。

不要以为 60 进位制就一定不好，1 小时等于 60 分，1 分钟等于 60 秒，用的是哪一种进位制呀？甚至在大家常用的量角器上，也不难找到这种古老进位制的痕迹。

历史上，最宠爱 60 进位制的是天文学家。因为周角可以分为 360 度，而每一度可以分成 60 分，每一分又可以分成 60 秒，用这种进位制表示格外顺手。2500 多年前，古希腊人到巴比伦去旅行时，学会了这种古老的记数方法，经过他们的大力提倡，60 进位制逐渐在天文学研究中占据了统治地位。一直到 16 世纪，在欧洲各国的天文学著作里，几乎全都采用了 60 进位制的记数方法。在 1000 多年的时间里，如果有谁不懂得 60 进位制，谁也就读不懂天文学著作呢。

甲骨文中的数字

古老的神州大地，也是人类文明的发祥地之一。远在人类社会发展的初期，我们勤劳智慧的祖先就在征服大自然的斗争中，积累了相当丰富的数学知识。

前面讲过，古埃及的记数方法是 10 进制的，但不是位值制的；古巴比伦的记数方法是位值制的，但不是 10 进制的。那么，中国古代的记数方法又是怎么样的呢？

在一片距今已有 3000 多年的龟甲上，用甲骨文刻着这样一段话："八日辛亥允戈伐二千六百五十六人。"意思是说，在 8 日辛亥那天的战斗中，消灭了 2656 个敌人。这段话清楚地表明，至少从那个时候起，中国人就已采用了十进位值制的记数方法。

也就是说，中国古代的记数方法，既是 10 进制的，又是位值制的，比古埃及和古巴比伦都要先进。现在大家常用的记数方法，就是十进位值制的。

中国是世界上最早采用十进位值制的国家。这也是中国人民对世界数学的发展做出的一项重要贡献。

这项天才的发明最早是由甲骨文记载的。古代没有纸，字就刻在乌龟壳或兽骨上。刻在乌龟壳和兽骨上的文字都叫甲骨文。

据史书记载，我们的祖先起初用结绳的方法来记事表数。"事大，大结其绳；事小，小结其绳。结之多少，随物众寡。"后来，逐渐改用在兽骨或竹木等物体上刻画符号来记事表数，这就是最初的文字。由于竹木等物体不易长期保存，刻在它上面的远古文献现在已经无法见到了；而乌龟壳和兽骨则不易毁坏，于是，刻在它们上面的甲骨文，就成了迄今所能见到的最古老的汉字。

1899 年，在现在河南省安阳市的小屯村，出土了 10 万多片刻有文字的龟甲和兽骨，它们是 3000 多年前中国殷代的遗物。通过破译这种古老的文字，科学家们发现，在非常遥远的古代，中国就已出现了一套完备的记数符号。下图是其中最基本的 13 个数字。

一　二　三　四　五　六　七　八　九　十　百　千　万

甲骨文中的数字

前三个数目字最有趣了。几千年来，汉字已经发生了很大的变化，唯独这三个数字依旧保持着古朴原始的风貌。其他的数目字虽与现代汉字不同，但也不难看出，现代汉字中的数目字正是由这些甲骨文演变而来的。所以，虽然是乍见这种古老的文字，大家也不会感到太陌生。

要表示十、百、千、万的倍数怎么办呢？我们的祖先想出了一个好主意,这就是采取合书的方式。例如,在甲骨文中,万字很像个蝎子,要表示2万,就在蝎子尾巴上加上两横,要表示3万,就在蝎子尾巴上加上三横。

采用甲骨文的记法,1987这个数就记作:

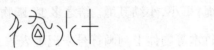

由于采用了十进位值制,一方面,表示这个数只用4个符号就够了,不必像古埃及人那样啰啰嗦嗦写上一大串;另一方面,它与人们屈指计数的习惯相吻合,比古巴比伦的记数方法要方便得多。

记数方法是进行数学运算的基础。比较了几种古代文明的记数方法后,我们自豪地看到,在人类文化发展的早期,古代中国的数学成就远远领先于其他各国而居于世界的最前列。

据报道,1986年初,在西安市西郊的花园村,又出土了一批刻有文字的龟甲。据考证,它们将中国有文字的历史推向5000年前。我们深信,随着考古学的新发现,我们对远古祖先的聪明才智,一定会有更加深刻的感受。

请脚趾来帮忙

远古时期,高山大漠,江河湖海,设置起一道道天然的障碍,阻隔了各个民族间的科学文化交流。各个民族都在独立地发展着自己的数学。由于各个民族所处的自然环境不尽相同,对事物间数量关系的理解也不尽相同,于是就形成了各具特色的数学体系,出现了五花八门的记数方法。

1920 年前后,有位科学家调查了 307 种原始的记数方法,结果发现,只有 146 种是 10 进制的。

实际上,任何一个比 1 大的自然数,都有可能成为一种进位制的基数。例如,1 英尺等于 12 英寸,这是 12 进位制;1 斤等于 16 两,这是 16 进位制。在这些五花八门的记数系统中,最有趣的是玛雅人发明的一种记数方法。

公元前 2000 年至公元前 1000 年间,生活在美洲的玛雅人,曾经以现在洪都拉斯的西部为中心,创建了一种灿烂辉煌的古代文明。它是美洲印第安人文化的摇篮。玛雅人很早就发明了象形文字，每隔20年，他们就树立一些石碑，刻上重要事件的内容和日期。他们还发明了相当精确的太阳历，把1年分成18个月，把每个月分成20天，外加5天"忌日"，一共是365天。此外，玛雅人在数学、建筑、雕刻和绘画方面也都有很高的成就。

说来有趣，在玛雅人发明的记数系统里，一共只有3个基本的符号。小圆点用来表示1，小短横用来表示5，另外还有一个卵形记号 ⬭，仅凭这3个基本符号，他们就写出了所有的自然数。

•	••	•••	••••	—	$\overset{\text{•}}{—}$	$\overset{\text{••}}{—}$	$\overset{\text{•••}}{—}$	$\overset{\text{••••}}{—}$	$=$
1	2	3	4	5	6	7	8	9	10

$\overset{\text{•}}{=}$	$\overset{\text{••}}{=}$	$\overset{\text{•••}}{=}$	$\overset{\text{••••}}{=}$	$\equiv$	$\overset{\text{•}}{\equiv}$	$\overset{\text{••}}{\equiv}$	$\overset{\text{•••}}{\equiv}$	$\overset{\text{••••}}{\equiv}$
11	12	13	14	15	16	17	18	19

玛雅人的整数记法

这种记数方法是20进位制的，计数满20后才向高位进1。

那么，遇到比19大的数怎么办呢？这就轮到卵形记号派上用场了。玛雅人规定：在哪个数的下面加一个卵形记号，哪个数就扩大了20倍。例如，要表示20这个数，只需在一个小圆点下加一个卵形记号就行了。

如果在20的下面再加一个卵形记号，是不是又扩大了20倍，等于400了呢？

不！玛雅人特别规定，如果一个数中已经有了一个卵形记号，加上第二个卵形记号后，原数不是扩大20倍，而是扩大了18倍。例如：

$$\overset{\text{•}}{\underset{\text{⬭⬭}}{}} = 1 \times 20 \times 18 = 360$$

十分有趣，如果在360的下面再加一个卵形记号，那么，原数又应该扩大20倍，而不是扩大18倍了。

玛雅人为什么要做这样一个奇怪的规定呢？也许，联想一下玛雅人把每一年分成18个月，把每一月分成20天，你就不会对这样的规定感到太惊讶了。

那么，玛雅人为什么要采用20进位制的记数方法呢？

有人猜测说，在原始社会里，人的双手是一种最好的计数器，人类最初都是扳着指头数数的。由于一只手上有5个手指头，所以有些民族发明了5进位值制的记数方法；由于每个人都有10个手指头，所以大多数民族都采用了10进位制的记数方法；而玛雅人生活在热带丛林里，常常赤着脚，露出脚趾，遇到比10还大的数时，他们就请脚趾来帮忙，于是形成了20进位值制的记数方法。

还有人猜测说，小圆点是石子的形象，小短横是木棍的形象，卵形记号很像个小贝壳，在玛雅人发明文字之前，他们很可能就是用这三样东西来记数的。

最古老的纪念物

莱布尼茨

17世纪时，有位很著名的德国数学家叫莱布尼茨。他与牛顿一起，共同奠定了微积分学的基础，对世界数学的发展做出了非常重要的贡献。

在数学史上，莱布尼茨还以发明现代电子计算机二进制概念而闻名。他最先提出了二进制的加、减、乘、除运算。

太极八卦图

谈到这一成就时，莱布尼茨曾经激动地说："我的这种不可思议的新发明……是因为我发现了一位圣人的古代文字的秘密，这位古代圣人，就是3000多年前中国早期的君王伏羲（xī）氏。"他对伏羲发明的太极八卦图尤为赞赏，称赞它是"流传在宇宙间科学中的最古老的纪念物"。

太极八卦图是一幅什么样的图画呢？

太极八卦图由太极图和八卦图组合而成。太极图是一个圆形的图案，里面画着头尾相交的两条阴阳鱼；八卦图是一个正八边形图案，每条边上都有一个特殊的符号。这8个符号就叫作"八卦"：

乾　坤　震　艮　离　坎　兑　巽

八卦

古时候，中国人认为宇宙中共有8个基本要素，于是就用8个卦来表示它们。其中，乾表示天，坤表示地，艮（gèn）表示山，兑表示泽，震表示雷，巽（xùn）表示风，坎表示水，离表示火。那么，太极图又是什么意思呢？古人认为，宇宙的基本矛盾是阴阳二气，于是就用阴阳鱼来表示它们，并置放在整个图形的中央。

相传，太极八卦图是远古神话中的祖先伏羲发明的。那时候，人类还没有发明文字，他就用这种"连续的长划"和"间断的短划"来表示对客观世界的认识。后人曾编出歌诀来帮助记忆这8个符号：

乾三连，坤六断，震仰盂，艮复盌，

离中虚，坎中满，兑上缺，巽下断。

每一句歌诀中，第一个字都是卦名，后面的两个字则用来形容卦的形状。例如"乾三连"，指乾卦的上中下三划都是连而不断的；又如"震仰盂"，指震卦形如一个仰放着的钵子。

太极八卦图在民间流传极广。神魔小说《西游记》里，有一段精彩故事叫"八卦炉中逃大圣"，天兵天将抓住大闹天宫的孙大圣后，刀

砍斧剁,雷轰火烧,都不能伤他一根毫毛。太上老君把孙悟空推进"八卦炉"中,用文武火煅炼,要将他化为灰烬。后来,孙悟空躲在炉中巽卦的方位,才侥幸逃得性命。在《三国演义》中,诸葛亮用江边巨石布下了一座"八卦石阵",阵势变幻莫测,隐含无限杀机,吓得东吴的追兵不敢举步向前……

其实,太极八卦图并非神幻莫测的鬼符,它是中国古代人民用来描述客观世界的一种模式,蕴含在其中的宏奥哲理,曾启迪过无数科学家的智慧。相传在 17 世纪末期,莱布尼茨正是在太极八卦图的启示下,发明了二进制的记数方法。

当时,莱布尼茨正在研制乘法计算机,他反复试验了许多种方案,却总也提不高机器的运算速度。后来他发现,要提高速度,就必须采用一种适合机器运算的记数方法。可是,他苦苦思索了很长时间,也没有想出一个好主意来。一位在中国传教的友人,给他寄来了一幅太极八卦图。这幅古老而神奇的图案,引起了莱布尼茨极大的兴趣,触发了他的灵感。他发现,如果把图中"连续的长划"看作是 1,把"间断的短划"看作是 0,那么,用八卦就可以表示出从 0 到 7 的这 8 个整数。后来,他又做了进一步的研究,终于发明了二进制的记数方法。

在常用的记数方法中,二进制是最低的一种进位制。

由于它只有 0 和 1 这两个数字,遇到比 1 大的数就得进位,因而产生出许多令人"不可思议"的算式。比如,1+1=10,11+1=100,等等。不过,这里的 10 不能读作"十",要读作"一零";100 也不能读作"一百",要读作"一零零"。它们分别相当于十进制中的 2 和 4。

不难想象,如果用二进制来表示 1987,不知要啰啰嗦嗦写上多长的一串！那么，电子计算机为什么偏要采用这种"啰啰嗦嗦"的进位制呢？

原来，在电子计算机内部，是用电子器件的不同稳定状态来表示不同的数字符号。二进制中只有 2 个不同的数字，对于每一个数位，计算机只要准备一个具有两种不同稳定状态的器件就行了。例如，利用电路的"开"和"关"，电脉冲的"有"和"无"，都可以在机器中表示二进制数。如果采用其他的进位制，那么，对于每一个数位，计算机都得准备一个具有更多种不同稳定状态的器件，这样不仅会给计算机的设计制造增添麻烦，还会影响计算的精确性，降低运算速度。

八卦与二进制数的关系

八卦符号	卦　名	二进制数	十进制数
☷	坤	000	0
☳	震	001	1
☵	坎	010	2
☱	兑	011	3
☶	艮	100	4
☲	离	101	5
☴	巽	110	6
☰	乾	111	7

不过，电子计算机并不觉得二进制"啰啰嗦嗦"。因为电脉冲的频率很高，一秒钟里就可产生几百万个、甚至上亿个电脉冲。要表示一个 10 位的二进制数，大约 10 微秒钟就够了，还不到一眨眼的工夫呢。

神奇的算筹

1971年8月，考古工作者在陕西省的千阳县境内，发掘了一座西汉时期的古墓。墓中出土了一批珍贵的历史文物，其中，最引人注目的是一些棍状的兽骨。它们被装在一个很精致的丝囊里，系在古墓主人的腰部。

这些兽骨本身并没有什么异常的地方，上面既没有刻文字，也没有雕花纹。兽骨的长短粗细大致相同，最长的不过13.8厘米，最短的也有12.6厘米，大多在13.5厘米左右。

那么，这些兽骨是干什么用的，值得古墓的主人如此地珍视呢？

科学家们查找了许多古代文献，终于弄清了它们的用途。原来，这些貌不惊人的兽骨，就是中国古代人民独创的一种计算工具——算筹。

算筹究竟是谁发明的，已经无从考证了。它的起源可以追溯到非常遥远的古代。有人说，它是由远古人类刻痕记数的方法演变而成的。

起初并没有专门的算筹,人们随手折一些小树枝,或者随手捡一些小石子作计算工具。后来,人们逐渐发现,把几根小树枝摆成不同的形状,就能表示不同的数字,而用小石子却很难做到这一点,于是都用小棍棒来作计算工具,渐渐出现了专门的算筹。

古代盛产竹子,不知从什么时候起,大家又统一用竹制的小棍作算筹,并对算筹的尺寸规格做了明确的规定。一本古代文献里记载说:"算筹大多用竹子制成,每枚长6寸,圆棍状,直径为1分。每271枚为一握,正好合成一个正六边形。"

至少在2200年前,算筹就已成为民间的一种很普通的计算工具了。制作也越来越精致,出现了一些骨制的、玉制的算筹,小巧玲珑,逗人喜爱。汉朝的开国皇帝刘邦说过:"夫运筹帷幄之中,决胜千里之外,吾不如子房。"筹,就是算筹。那时候,数学家们随身携带着算筹,就像我们随身携带着钢笔一样普遍。

怎样用算筹来记数呢? 这里面有很大的学问。古代人民在长期的实践中,摸索出纵式和横式两种摆法。在纵式摆法中,算筹以竖着放为主;在横式摆法中,算筹以横着放为主。

算筹的两种基本摆法

表示多位数时,个位、百位、万位等数位上的数,都用纵式表示;

十位、千位等数位上的数，都用横式表示。于是，"一纵十横，百立千僵，千十相望，万百相当"。相邻两个数位上的数字刚好是纵横交错，明确无误地显示了各个数字所处的位置。例如 1987 这个数，用算筹表示就是一ⅢⅡ丌，绝不会与其他的数相混淆。

容易看出，比起甲骨文所记载的记数方法，算筹记数法是一个很大的进步。人们只要记住几条简单的法则，就可以表示出一切的自然数，而以前则需要记住很多不同的数字符号。

使用算筹不仅简化了记数符号，更重要的是，它使中国十进位值制的记数方法更加完善了。

在所有的位值制记数法中，零都是一个关键的数。零可以表示"一无所有"，它是最小的自然数，但是，无论在哪个数后面添上个零，这个数就立即扩大 10 倍。想想看，如果没有零的记号，怎样去表示 66 与 606 这两个数呢？

人类很晚才认识零的奇妙性质。起初，古巴比伦的记数法中没有专门表示零的符号，为了表示 66 和 3606 这两个数，只得用同一个记号▶▜Ⅲ 来表示。在第一个数里，▶是"十"位数，表示 60；在第二个数里，▶是"百"位数，表示 3600。同一个符号，一会儿是十位数，一会儿是百位数，让古巴比伦人伤透了脑筋。

在中国，算筹记数法中也没有专门表示零的记号，那么，我们的祖先是怎样解决这个问题的呢？

说来有趣，表示数字中间的空位时，小小的算筹显示了神奇的威力，以致我们的祖先根本没有觉察到这是一个"伤脑筋"的问题。

例如 66，用算筹记作⊥丅，个位是纵式，十位是横式，明确清晰；表示 606 时，算筹记法就变成了丅丅，两个算筹记号都是纵式的，这种违反常规的摆法能够及时提醒人们注意：它们中间本来应该有个横式记号的，现在由于某种原因省略了。所以大家一看就知道它是 606，绝不会与 66 相混淆。当然，如果空一格记作丅　丅，那就看得更加清楚了。

　　算筹是些普普通通的小短棍，可是，在中国古代数学家手里，却像魔棍一样显示了如此众多的奇迹，真叫人叹为观止。我们古代祖先的天才创造，也使每一个中华儿女都感到由衷的自豪。

阿拉伯数码

中国古代曾有几种不同的数码写法，如甲骨文写法、算筹写法、商用数码，等等。至于全世界，不同的数码写法那就更多了。如果要编一本书，把世界上所有不同的数码写法都罗列出来，那么，这本书一定会比几册数学课本还要厚。

但是，现在你无论走到哪个国家，即使是随手翻开一本数学书籍，也会从你完全陌生的文字中，看到一连串你完全熟悉的数字符号：0，1，2，3，4，5，6，7，8，9。这就是人们常说的阿拉伯数码。

阿拉伯数码是现在国际上通用的数码。不过，它并不是阿拉伯人发明的，而主要是古代印度人民的天才创造。

印度，古称天竺，是一个历史悠久的文明古国。5000年前，印度人民就发明了一种有趣的象形文字，后来又创造了梵（fàn）文。在中国的造纸术传入印度以前，印度的文字大多写在白桦树皮和棕榈树叶上。唐僧去印度取经时，取回的佛经几乎全都是写在树叶上的。

也许是树皮和树叶不易长期保存，现在已经很难见到公元7世纪以前的古印度文献，所以，人们对印度早期的数学发展情况，仍然缺乏全面的了解。

在一些古代建筑遗址里，人们见到了一些印度早期的数字符号。例如公元2世纪时，有人曾用梵文的字头来表示数码：

$$\text{Ƨ Ʒ Ɐ Ɥ Ⴑ Ⴗ Ⴙ Ⴌ}$$
$$2 \quad 3 \quad 4 \quad 5 \quad 6 \quad 7 \quad 8 \quad 9$$

这套记数符号里没有零的记号，也没有用位置的记号，记数方法是不完备的。

1881年，在印度西北部的巴哈沙利附近，出土了一批写有文字的桦树皮。据考证，它们是公元8世纪或者9世纪时一本古代算术书的残页。也有人说，书中记载的内容，是当时的人们从公元3世纪时一本更古老的数学书上抄录的。这批古代文献表明，至少从那个时候起，印度人民就已采用了十进位值制的记数方法。在这批古代文献中，最引人注意的是小圆点"·"的记号，名称叫"苏涅亚"，意思是"空"。如果两个数码中间有一个"苏涅亚"记号，就表示这是一个三位数，这个三位数的中间那位数上"一无所有"。例如6·6就是606的意思，小圆点"·"相当于现在的零号。

有了零的记号，十进位值制的记数方法就完备了。公元825年左右，印度出现了一套新的记数符号：

$$\text{Ɂ Ɀ Ӡ 8 Ɣ Ɛ 6 Ɣ ꝰ O}$$
$$1 \quad 2 \quad 3 \quad 4 \quad 5 \quad 6 \quad 7 \quad 8 \quad 9 \quad 0$$

这时,小圆点经过一段时间的演变,已经变成小圆圈了。

这套记数符号最突出的特点,就是易于识辨,书写简便。除了数字 8 以外,其他的符号都可以一笔勾画出来,因而颇受人们的喜爱,逐渐流传开来。

12 世纪时,这套记数符号由阿拉伯人传入了欧洲。欧洲人民也很喜爱这套方便适用的记数符号,以为它是阿拉伯人的发明创造,于是就起了一个名字,叫阿拉伯数码,造成了这场历史的误会。后来,人们知道了事情的真相,但都已叫习惯了,改不过口来,于是就这么将错就错地一直叫了下来。

阿拉伯数码传入欧洲各国后,由于辗转传抄,模样儿也逐渐发生了变化。

١	٢	٣	٤	٥	٦	٧	٨	٩	٠
1	2	3	4	5	6	7	8	9	0

以后经过不断地改进,到 1480 年时,模样已与现代的写法差不多了。

1	2	3	4	5	6	7	8	9	0
1	2	3	4	5	6	7	8	9	0

1522 年,当阿拉伯数码在英国人托恩斯妥的书中出现时,已与现在写法基本一致。以后就渐渐固定了下来。

千奇百怪的数 ⮥

少儿科普名人名著书系

灵魂的倩影

2500 年前,有一个很有名的古希腊科学家,叫毕达哥拉斯。他是世界古代十大名人之一。在一些历史传说里,甚至把他描绘得像一尊神,说河水遇见了他,也会卷起浪花来问候:"您好哇,毕达哥拉斯! "

毕达哥拉斯

毕达哥拉斯认为,世界上的万事万物,都可以由数的关系来解释。例如,他认为奇数是善良的,偶数是邪恶的,自然数"1"既是善良的又是邪恶的开始,因为善良的数加上 1 就会变成邪恶的数,而邪恶的数加上 1 又会变成善良的数。他还认为前 4 个奇数和前 4 个偶数尤为重要,整个宇宙就建立在这 8 个数的基础上……

抹去这层涂在自然数上的神秘色彩,不难看出,毕达哥拉斯已经知道给自然数分类了。

毕达哥拉斯

有一次，毕达哥拉斯对人说："朋友是你灵魂的倩影，要像220与284一样亲密。"这句话是什么意思呢？

原来，毕达哥拉斯发现，在自然数220与284之间，有一种非常奇妙的关系。

瞧，220共有12个不同的因数：1，2，4，5，10，11，20，22，44，55，110，220。如果不算220它自身这个因数，那么，220所有因数的和正好等于284。

$$1+2+4+5+10+11+20+22+44+55+110=284$$

而284呢，共有6个不同的因数：1，2，4，71，142，284。如果不算284它自身这个因数，那么，284所有因数的和又正好等于220。

$$1+2+4+71+142=220$$

你的真因数之和等于我，我的真因数之和又正好等于你，这对奇异的数真像一对亲密无间的朋友。

数学上，具有这样特征的自然数叫作"亲和数"。毕达哥拉斯发现的220与284，是人类认识的第一对亲和数，也是最小的一对亲和数。

古时候，亲和数也被涂上了神秘的色彩。人们常把这两个数分别写在两个护身符上，认为佩戴这种护身符的两个朋友，就能保持良好而长久的友谊。亲和数在魔术、法术、占星术中也起着很重要的作用。

说来有趣，在很长的一段时间里，人们都没有发现新的亲和数。直到2000多年后的1636年，才由法国数学家费马发现了另一对亲和数：17926和18416。

两年以后，法国数学家笛卡儿也发现了一对亲和数：9363584和9437056。

18世纪中叶，著名数学家欧拉系统地研究了亲和数。1747年，他列出了一个有30对亲和数的表，不久又将表中的亲和数扩展到超过60对，其中包括2626与2924,5020与5564等。

那么，在284到2626之间有没有亲和数呢？

这是一个被人们长期忽视了的问题。1866年，16岁的意大利少年帕加尼尼发现，正是在这段数中间，存在着第二对较小的亲和数：1184与1210。

近百年来，不断有新的亲和数被发现。人们找到的亲和数已经超过了1200多对。现在，数学家们一方面致力于寻找新的亲和数，另一方面则在努力探索亲和数的表达公式。

有形状的数

　　毕达哥拉斯不仅知道奇数、偶数、质数、合数，还把自然数分成了亲和数、亏数、完全数等。他分类的方法很奇特，其中，最有趣的是"形数"。

　　什么是形数呢？毕达哥拉斯研究数的概念时，喜欢把数描绘成沙滩上的小石子，小石子能够摆成不同的几何图形，于是就产生了一系列的形数。

　　毕达哥拉斯发现，当小石子的数目是 1，3，6，10 等数时，小石子都能摆成正三角形，他把这些数叫作三角形数；当小石子的数目是 1，4，9，16 等数时，小石子都能摆成正方形，他把这些数叫作正方形数；当小石子的数目是 1，5，12，22

自然数有了"形状"

等数时,小石子都能摆成正五边形,他把这些数叫作五边形数⋯⋯

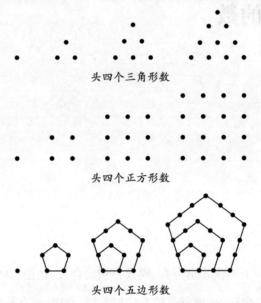

头四个三角形数

头四个正方形数

头四个五边形数

这样一来,抽象的自然数就有了生动的形象,寻找它们之间的规律也就容易多了。从图上不难看出,头四个三角形数都是一些连续自然数的和。瞧,3 是第二个三角形数,它等于 1+2;6 是第三个三角形数,它等于 1+2+3;10 是第四个三角形数,它等于 1+2+3+4。

看到这里,人们很自然地就会生发出一个猜想:第五个三角形数应该等于 1+2+3+4+5,第六个三角形数应该等于 1+2+3+4+5+6,第七个三角形数应该等于⋯⋯

这个猜想对不对呢?由于自然数有了"形状",验证这个猜想费不了什么事。只要拿 15 个或者 21 个小石子出来摆一下,很快就会发现:它们都能摆成正三角形,都是三角形数,而且正好就是第五个和第六个三角形数。

就这样，毕达哥拉斯借助生动的几何直观，很快就发现了自然数的一个规律：连续自然数的和都是三角形数。如果用字母 n 表示最后一个加数，那么，$1+2+\cdots+n$ 的和也是一个三角形数，而且正好就是第 n 个三角形数。

毕达哥拉斯还发现，第 n 个正方形数等于 n^2，第 n 个五边形数等于 $n(3n-1)/2$，第 n 个六边形数等于 $2n(n-1)$……根据这些规律，人们就可以写出很多很多的形数了。

不过，毕达哥拉斯并不因此而满足。比如三角形数，需要一个数一个数地相加，才能算出一个新的三角形数，毕达哥拉斯认为这太麻烦了，于是着手去寻找一种简捷的计算方法。经过深入探索自然数的内在规律，他又发现：

$$1+2+\cdots+n=\frac{1}{2}\times n\times(n+1)$$

这是一个重要的数学公式，有了它，计算连续自然数的和可就方便多了。例如，要计算如图所示的一堆电线杆数目，用不着——去数，只要知道它有多少层就行了。如果它有 7 层，只要用 7 代替公式中的 n，就能算出这堆电线杆的数目。

一堆电线杆

$$1+2+3+4+5+6+7=\frac{1}{2}\times 7\times(7+1)=28（根）$$

毕达哥拉斯借助生动的几何直观，发现了许多有趣的数学定理。而且，这些定理都能以纯几何的方法来证明。

例如，在右边这些正方形数里，左上角第一个框内的数是 1，它是

1 的平方；第二个框内由 1+3 组成，共有 4 个小石子，它是 2 的平方；第三个框内由 1+3+5 组成，共有 9 个小石子，它是 3 的平方。……由此不难看出，只要在正方形数上做些记号，就能令人信服地说明一个数学定理："从 1 开始，任何个相继的奇数之和是完全平方。"即：

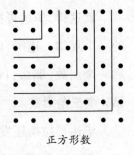

正方形数

$$1+3+5+\cdots+(2n-1)=n^2$$

神奇的筛子

质数是自然数的一部分,有趣的是,它却与自然数的个数一样多,也有无穷多个。2000多年前,古希腊数学家就从理论上证明了这一点。

不过,质数看上去要比自然数少得多。

有人统计过:在 1 ～ 1000 之间,有 168 个质数;在 1000 ～ 2000 之间,有 135 个质数;在 2000 ～ 3000 之间,有 127 个质数;而在 3000 ～ 4000 之间,就只有 120 个质数了。越往后,质数就越稀少。

那么,怎样从自然数里把质数给找出来呢?

公元前 3 世纪,古希腊数学家埃拉托色尼发明了一种很有趣的方法。

他首先把很多自然数按顺序列成一张数表,然后按照一定的规则,逐个把不是质数的数都划掉,最后就得到了全部的质数。

具体规则是这样的,首先把 1 划掉,因为 1 既不是质数也不是合数。接下来的一个数是 2,它是最小的质数,应予保留;但 2 的倍数一

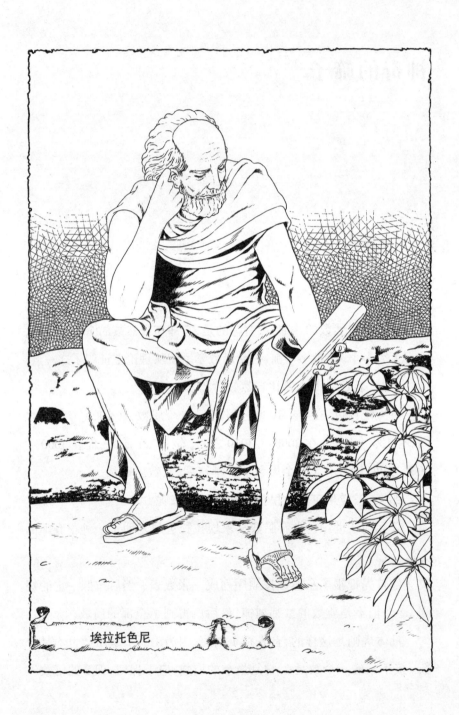

埃拉托色尼

定不是质数,应该全都划掉。也就是从 2 起,每隔 1 个数就划掉 1 个数。在剩下的数中,3 是第一个未被划掉的数,它是质数,应予保留,但 3 的倍数一定不是质数,应该全都划掉。也就是从 3 起,每隔 2 个数划掉 1 个数。4 已被划掉了,在剩下的数中,5 成了第一个未被划掉的数,它是质数,也应予以保留,但 5 的倍数一定不是质数,应该全都划掉。……这样继续划下去,数表上最后剩下的就全都是质数了。

当时,埃拉托色尼常把数表写在涂了白蜡的木板上,遇到需要划去的数,就在那个数的位置上刺 1 个孔。随着合数逐一被划掉,木板上变得千疮百孔,像是一个神奇的筛子,筛掉了合数,留下了质数。所以,人们将这种求质数的方法叫作埃拉托色尼筛法。

①	2	3	④	5	⑥	7	⑧	⑨	⑩	11	⑫	13	⑭	⑮
⑯	17	⑱	19	⑳	㉑	㉒	23	㉔	㉕	㉖	㉗	㉘	29	㉚
31	㉜	㉝	㉞	㉟	㊱	37	㊳	㊴	㊵	41	㊷	43	㊹	㊺
㊻	47	㊽	㊾	㊿	51	52	53	54	55	56	57	58	59	60
61	62	63	64	65	66	67	68	69	70	71	72	73	74	75
76	77	78	79	80	81	82	83	84	85	86	87	88	89	90

埃拉托色尼筛

这种方法是世界上最古老的一种求质数的方法。它的原理挺简单,运用起来也很方便。现在,凭借经过改进后的埃拉托色尼筛法,数学家们已经把 10 亿以内的质数全都筛出来了。

费马小定理

17 世纪时，有个法国律师叫费马。他非常喜欢数学，常常利用业余时间研究高深的数学问题，结果取得了很大的成就，被人称为"业余数学家之王"。

费马研究数学时，不喜欢搞证明，喜欢提问题。他凭借丰富的想象力和深刻的洞察力，提出了一系列重要的数学猜想，深刻地影响了数学的发展。他提出的"费马大定理"，几百年来吸引了无数的数学家，是一个直到 1995 年才解决的著名数学难题。

费马

费马最喜欢的数学分支是数论。他曾深入研究过质数的性质。1640 年，他发现了一个有趣的现象：

当 $n=1$ 时，$2^{2^n}+1=2^{2^1}+1=5$；

当 $n=2$ 时，$2^{2^n}+1=2^{2^2}+1=17$；

当$n=3$时，$2^{2^n}+1=2^{2^3}+1=257$；

当$n=4$时，$2^{2^n}+1=2^{2^4}+1=65537$。

费马没有继续算下去，他猜测说：只要n是自然数，由这个公式算出的数一定都是质数。

这是一个很有名的猜想。由于演算起来很麻烦，很少有人去验证它。1732年，大数学家欧拉认真研究了这个问题。他发现，费马只要再往下演算一个自然数，就会发现由这个公式算出的数不全是质数。

$n=5$时，$2^{2^n}+1=2^{2^5}+1=4294967297$。

4294967297可以分解成641×6700417，它不是质数。也就是说，费马的这个猜想不能成为一个求质数的公式。

实际上，几千年来，数学家们一直在寻找这样一个公式，一个能求出所有质数的公式。但直到现在，谁也未能找到这样一个公式。而且谁也未能找到证据，说这样的公式就一定不存在。这样的公式究竟存在不存在，也就成了一个著名的数学难题。

费马有心找出一个求质数的公式，结果未能成功，人们发现，倒是他无意提出的另一个猜想，对寻找质数很有用处。

费马猜测说，如果p是一个质数，那么，对于任何自然数n，n^p-n一定能够被p整除。这一回，费马猜对了。这个猜想被人称作是费马小定理。例如11是质数，2是自然数，所以$2^{11}-2$一定能被11整除。

如果反过来问：若n能够整除2^n-2，n是否一定就是质数呢？

答案是否定的。但人们发现，由这个公式算出的数绝大多数是质数。有人统计过，在10^{10}以内，只要n能整除（2^n-2），则n有99.9967％的可能是质数。这样，只要能剔除为数极少的冒牌质数，鉴定一个数是不是质数也就不难了。

利用费马小定理，这是目前最有效的鉴定质数的方法。要判断一个数 n 是不是质数，首先看它能不能被 (2^n-2) 整除，如果不能整除，它一定是合数；如果能整除，它就极有可能是质数。有消息说，在电子计算机上运用这种新方法，要鉴定一个上百位的数是不是质数，一般只要 15 秒钟就够了。

奇妙的完全数

古时候，自然数 6 是一个备受宠爱的数。有人认为，6 是属于美神维纳斯的，它象征着美满的婚姻；也有人认为，宇宙之所以这样完美，是因为上帝创造它时花了 6 天的时间……

自然数 6 为什么备受人们青睐呢？

原来，6 是一个非常"完美"的数，与它的因数之间有一种非常奇妙的联系。6 的因数共有 4 个：1，2，3，6，除了 6 自身这个因数以外，其他的 3 个都是它的真因数。数学家们发现：把 6 的所有真因数都加起来，正好等于 6 这个自然数本身！

数学上，具有这种性质的自然数叫作完全数，也叫完美数、完备数。例如，28 也是一个完全数，它的真因数有 1，2，4，7，14，而 1+2+4+7+14 正好等于 28。

完全数有许多有趣的性质：它们都是三角形数，如 6=1+2+3，28=1+2+3+4+5+6+7；除 6 以外，它们都可以表示成连续奇立方数之和，并有规律地增加,如 $28=1^3+2^3$,$496=2^3+3^3+4^3+5^3$……

在自然数里,完全数非常稀少,用沧海一粟来形容也不算太夸张。大数学家笛卡儿曾经公开预言:"能找出的完全数是不会多的,好比人类一样,要找一个完美的人绝非易事。"有人统计过,在 1 到 40000000 这么大的范围里,已被发现的完全数也不过寥寥 5 个;另外,直到 1952 年,在 2000 多年的时间里,已被发现的完全数总共才有 12 个。

并不是数学家不重视完全数,实际上,在非常遥远的古代,他们就开始探索寻找完全数的方法了。公元前 3 世纪,古希腊著名数学家欧几里得甚至发现了一个计算完全数的公式:如果 p 是质数,(2^p-1)(梅森数)也是一个质数,那么,由公式 $N=2^{p-1}(2^p-1)$ 算出的数一定是一个完全数。例如,当 $p=2$ 时,$2^2-1=3$ 是一个质数,于是 $N_2=2^{2-1}\times(2^2-1)=2\times3=6$ 是一个完全数;当 $p=3$ 时,$2^3-1=7$ 是一个质数,$N_3=28$ 是一个完全数;当 $p=5$ 时,$2^5-1=31$ 是一个质数,$N_5=496$ 也是一个完全数。

18 世纪时,著名数学家欧拉从理论上证明:每一个偶完全数必定是由这种公式算出的。

尽管如此,寻找完全数的工作仍然非常艰巨。例如,当 $p=31$ 时,$N_{31}=2^{31-1}\times(2^{31}-1)=2305843008139952128$,这是一个 19 位数,不难想象,欧拉用笔算出这个完全数该是多么困难。

直到 20 世纪中叶,随着电子计算机的问世,寻找完全数的工作才取得了较大的进展。1952 年,数学家凭借计算机的高速运算能力,一下子发现了 5 个完全数,它们分别对应于欧几里得公式中 p 等于 521,607,1279,2203 和 2281 时的答案。以后数学家们又陆续发现:当 p 等于 3217,4253,4423,9689,9941,11213 和 19937 时,由欧几里得公式算出的答案也是完全数。

到1978年,人们在无穷无尽的自然数里,总共找出了45个完全数。

在欧几里得公式里,只要p是质数,梅森数(2^p-1)是质数,2^{p-1}(2^p-1)就一定是完全数。所以,寻找新的完全数与寻找新的梅森质数密切相关。

1979年,当人们知道$2^{44497}-1$是一个新的梅森质数时,随之也就知道了$2^{44496} \times (2^{44497}-1)$是一个新的完全数;1983年,人们知道$2^{86243}-1$是一个更大的梅森质数时,也就知道了$2^{86242} \times (2^{86243}-1)$是一个更大的完全数。它是迄今所知最大的一个完全数。

这是一个非常大的数,大到很难在书中将它原原本本地写出来。有趣的是,虽然很少有人知道这个数的最后一个数字是多少,却知道它一定是一个偶数,因为,由欧几里得公式算出的完全数都是偶数!

那么,奇数中有没有完全数呢?

曾经有人证明:在10^{300}以内的自然数中,不可能发现奇完全数的踪迹。不过,在比这还大的自然数里,奇完全数是否存在,可就谁也说不准了。说起来,这还是一个尚未解决的著名数学难题呢。

破碎的数

在拉丁文里,分数一词来源于 frangere,是打破、断裂的意思,因此分数也曾被人叫作"破碎数"。

在数的历史上,分数几乎与自然数同样古老,在各个民族最古老的文献里,都能找到有关分数的记载。然而,分数在数学中传播并获得自己的地位,却用了几千年的时间。

在欧洲,这些"破碎数"曾经令人谈虎色变,视为畏途。7世纪时,有个数学家算出了一道8个分数相加的习题,竟被认为是干了一件了不起的大事情。在很长的一段时间里,欧洲数学家在编写算术课本时,不得不把分数的运算法则单独叙述,因为许多学生遇到分数后,就会心灰意懒,不愿意继续学习数学了。直到17世纪,欧洲的许多学校还不得不派最好的教师去讲授分数知识。以致到现在,德国人形容某个人陷入困境时,还常常引用一句古老的谚语,说他"掉进分数里去了"。

一些古希腊数学家干脆不承认分数,把分数叫作"整数的比"。

古埃及人更奇特。他们表示分数时, 一般是在自然数上面加一个小圆点。在 5 上面加一个小圆点,表示这个数是 1/5;在 7 上面加一个小圆点,表示这个数是 1/7。那么,要表示分数 2/7 怎么办呢? 古埃及人把 1/4 和 1/28 摆在一起,说这就是 2/7。

1/4 和 1/28 怎么能够表示 2/7 呢? 原来,古埃及人只使用单分子分数。也就是说,他们只使用分子为 1 的那些分数,遇到其他的分数,都得拆成单分子分数的和。1/4 和 1/28 都是单分子分数,它们的和正好是 2/7,于是就用 $\frac{1}{4}+\frac{1}{28}$ 来表示 2/7。那时还没有加号,相加的意思要由上下文显示出来,看上去就像是把 1/4 和 1/28 摆在一起表示了分数 2/7。

由于有了这种奇特的规定,古埃及的分数运算显得特别烦琐。例如,要计算 5/7 与 5/21 的和,首先得把这两个分数都拆成单分子分数:

$$\frac{5}{7}+\frac{5}{21}=(\frac{1}{2}+\frac{1}{7}+\frac{1}{14})+(\frac{1}{7}+\frac{1}{14}+\frac{1}{42});$$

然后再把分母相同的分数加起来:

$$\frac{1}{2}+\frac{2}{7}+\frac{2}{14}+\frac{1}{42};$$

由于算式中出现了一般分数,接下来又得把它们拆成单分子分数:

$$\frac{1}{2}+\frac{1}{4}+\frac{1}{7}+\frac{1}{28}+\frac{1}{42}。$$

这样一道简单的分数加法题,古埃及人算起来都这么费事,不难想象,如果遇上复杂的分数运算,他们算起来又该是何等的吃力。

在西方,分数理论的发展出奇地缓慢,直到 16 世纪,西方的数学家们才对分数有了比较系统的认识。甚至到了 17 世纪,数学家科克

在计算 $\dfrac{3}{5}+\dfrac{7}{8}+\dfrac{9}{10}+\dfrac{12}{20}$ 时,还用分母的乘积 8000 作为公分母!

而这些知识,中国数学家在 2000 多年前就都已知道了。

中国现在尚能见到的最早的一部数学著作,刻在汉代初期的一批竹简上,名字叫《算数书》。它是 1984 年初在湖北省江陵县出土的。在这本书里,已经对分数运算做了深入的研究。

稍晚些时候,在古代数学名著《九章算术》里,已经在世界上首次系统地研究了分数。书中将分数的加法叫作"合分",减法叫作"减分",乘法叫作"乘分",除法叫作"经分",并结合大量例题,详细介绍了它们的运算法则,以及分数的通分、约分、化带分数为假分数的方法步骤。尤其令人自豪的是,中国古代数学家发明的这些方法步骤,已与现代的方法步骤大体相同了。

例如:"又有九十一分之四十九,问约之为几何?"书中介绍的方法是:从 91 中减去 49,得 42;从 49 中减去 42,得 7;从 42 中连续减去 7,到第 5 次时得 7,这时被减数与减数相等,7 就是最大的公约数。用 7 去约分子、分母,就得到了 49/91 的最简分数 7/13。不难看出,现在常用的辗转相除法,正是由这种古老的方法演变而来。

公元 263 年,数学家刘徽注释《九章算术》时,又补充了一条法则:分数除法就是将除数的分子、分母颠倒与被除数相乘。而欧洲直到 1489 年,才由魏特曼提出相似的法则,已比刘徽晚了 1200 多年!

俄罗斯数学史专家鲍尔加尔斯基公正地评价说:"从这个简短的论述中可以得出结论:在人类文化发展的初期,中国的数学远远领先于世界其他各国。"

虚伪的零下

自然数都比零大。那么，有没有比零小的数呢？

有，这种数叫"负数"。比 0 小 1 的数记为 −1，比 0 小 2 的数记为 −2。这里，"−"号是性质符号，叫负号。负数可以用来表示相反意义的量，比如把零上 5 摄氏度记作 5℃，那么零下 5 摄氏度就可以记作 −5℃。

有了负数以后，不仅大数能减小数，小数也能减大数，减法运算变得通行无阻了。在小学里，两个数的和一定比加数大，有了负数以后，这个结论就变得没有意义了，两个数相加，有时候还会越加越小呢！

历史上，人们对负数是不那么服气的，直到 16 世纪，欧洲大多数的数学家都还不承认负数。他们觉得，0 就是"什么也没有"，有什么东西能够比"什么也没有"还小呢？德国数学家史提非大声嚷叫：负数是"虚伪的零下"，仅仅是些记号而已。法国数学家帕斯卡则忿忿地说："从 0 减去 4 纯粹是胡说八道。"英国数学家沃利斯更有趣，他说：负数并不比零小，而是"比无穷大数还要大"。

有人还别出心裁地编了一个题目，用来反对引进负数。他说，如果承认负数，就会出现"(−1)∶1=1∶(−1)"这样古怪的比例式。式子的左边是一个小数比一个大数，式子的右边是一个大数比一个小数，它们怎么能够相等呢？这个题目曾经困惑了不少的人。

它们怎么能相等呢？

甚至到了18世纪，仍然有许多人对负数抱着种种古怪的念头。例如，著名数学家欧拉就一直深信：负数一定比无穷大数还要大。

围绕负数问题欧洲数学家争论了很长的时间，而在此之前的1000多年，印度数学家就已经发现了负数。

公元625年，婆罗门笈多在印度最先提出了负数概念。他用"财产"表示正数，用"欠债"表示负数，并用它们来解释正负数的加减法运算。他指出：两种"财产"加起来还是"财产"，两种"欠债"加起来还是"欠债"；零减去"财产"成为"欠债"，而减去"欠债"就变成了"财产"。

这段话的意思是：两个正数的和是正数，两个负数的和是负数；零减去正数得负数，而减去负数就等于加上了正数。

不过，世界上最先发现负数的人，并不是印度数学家。比婆罗门笈多早几百年，中国古代数学名著《九章算术》里已明确指出：如果"卖"是正，则"买"就是负；如果"余钱"是正，则"不足钱"就是负。在世界上最先对负数概念做出了合理的解释。

公元263年，数学家刘徽注释《九章算术》时进一步明确指出：两种得失相反的数，分别叫作正数和负数。

《九章算术》还最早提出了正负数的加减法则，书中叫"正负术"，共有8条，除了名词与现在不一样以外，已与现在的正负数加减法则完全一致。

负数概念的产生，是世界科学史上一项重大的发现，也是中国人民对数学发展做出的一项重大贡献。

天外来客

我们在前面讲过毕达哥拉斯的故事。在西方数学史上，他还以发现毕达哥拉斯定理而闻名。

毕达哥拉斯定理的内容是：在直角三角形里，两条直角边的平方和，一定等于斜边的平方。这是几何学里一个非常重要的定理。相传毕达哥拉斯发现这个定理以后，高兴得不得了，宰了100头牛大肆庆贺了许多天。

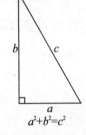

$$a^2+b^2=c^2$$

说来有趣，正是这个让他欣喜若狂的定理，后来又使他狼狈万分，几乎无地自容。

毕达哥拉斯有一句名言，叫作"万物皆数"。他把数的概念神秘化了，错误地认为：宇宙间的一切现象，都可以归结为整数或者整数的比；除此之外，就不再有别的什么东西了。

问题就出在这里。有一天，毕达哥拉斯的一个学生，在世界上找

少儿科普名人名著书系

到了一种既不是整数，又不是整数之比的怪东西。

这个学生叫希帕斯，他研究了一个边长为 1 的正方形，想知道对角线的长度是多少。

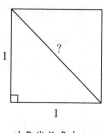

对角线长多少？

从图上看得很清楚，对角线与正方形的两条边组成了一个直角三角形。根据毕达哥拉斯定理，希帕斯算出对角线的长度等于 $\sqrt{2}$。可是，$\sqrt{2}$ 既不是整数，也不是整数的比。他惶惑极了：根据老师的看法，$\sqrt{2}$ 应该是世界上根本不存在的东西呀？

希帕斯把这件事告诉了老师。毕达哥拉斯惊骇极了，他做梦也没想到，自己最为得意的一项发明，竟招来了一位神秘的"天外来客"。

毕达哥拉斯无法解释这种怪现象，又不敢承认 $\sqrt{2}$ 是一种新的数，因为他的全部"宇宙"理论，都奠基在整数的基础上。他下令封锁消息，不准希帕斯再谈论 $\sqrt{2}$，并且警告说，不要忘记了入学时立下的誓言。

原来，毕达哥拉斯学派是一个非常著名的科学会社，也是一个非常神秘的宗教团体。每个加入学派的人都得宣誓，不将学派里面发生的事情告诉给外人。谁要是违背了这个规矩，任他逃到天涯海角，也很难逃脱无情的惩罚。

希帕斯很不服气。他想，不承认 $\sqrt{2}$ 是数，岂不等于是说正方形的对角线没有长度吗？简直是睁着眼睛说瞎话！为了坚持真理，捍卫真理，希帕斯将自己的发现传扬了开去。

毕达哥拉斯学派恼羞成怒，给希帕斯罗织了一个"叛逆"的罪名，决定严加"惩罚"。希帕斯听到风声后连夜逃走了，他东躲西藏，最后逃上一艘海船离开了希腊，没想到在茫茫大海上，还是遇到了毕达哥拉斯派来追他的人……

真理是打不倒的。毕达哥拉斯学派能够"惩罚"希帕斯,却"惩罚"不了$\sqrt{2}$。这位神秘的"天外来客"不但逍遥法外,反而引来更多的同伴:$\sqrt{3}$、$\sqrt{5}$、$\sqrt{7}$……频繁地出现在各类数学问题中,使得古希腊数学家伤透了脑筋……

希帕斯为真理而献身

直到最近几百年,数学家们才弄清楚,$\sqrt{2}$确实不是整数,也不是分数,而是一种新的数,叫作无理数。

无理数也就是无限不循环的小数。$\sqrt{2}$是人类最先认识的一个无理数。1971年10月,一位美国数学家在电子计算机上运算了47.5个小时,求出了$\sqrt{2}$小数点后的100082位数,得到的仍然是个近似值。分析这样一个精确的近似值,人们仍然看不到$\sqrt{2}$的小数部分有一丝循环的迹象。

毕达哥拉斯扮演了一个可悲的角色。他不知道,无理数概念的产生,虽然导致了第一次数学危机,可它是数学史上一个重大的发现,也是整个毕达哥拉斯学派的光荣。

文明的标志

清晨,圆圆的太阳从地平线上冉冉升起;入夜,皎洁的月亮也时常圆如玉盘;下雨了,雨点飘落水中,激起一个又一个圆圆的漪涟;天晴了,彩虹飞上天空,在天幕上勾勒出一段巨大的圆弧……

圆,这是最简单而又最美丽的几何图形,也是人类最早认识的几何图形。然而,在这个人们最为熟悉的几何图形中,却隐藏着一个神秘的数:圆周率π。

历史上,各国人民为了揭示π的神奇性质,都曾进行过艰苦卓绝的探索。有关π的研究成果,在一定程度上反映了一个民族的数学水平,有人甚至认为它是科学发展的里程碑。例如在一些日本的高中课本上,就郑重其事地写着:"π是文明的标志。"

在中国最早的几部数学著作中,凡遇到圆的计算,都采用"径一周三"的方法,即把圆的周长看作是直径的 3 倍,相当于取π=3。这是最粗糙的圆周率,后人称之为"古率"。

古埃及人认为,圆的周长应该是直径的 3.16 倍,古罗马人认为是 3.12 倍,而古印度人则认为是 $\sqrt{10}$ 倍……

公元前 3 世纪,古希腊著名数学家阿基米德,最先在科学的基础上探讨了圆周率问题。他首先在圆内画一个内接正三角形,再在圆外画一个外切正三角形,然后不断地把正三角形的边数倍增,因为边数越多,正多边形的周长就越接近于圆的周长。

当他把边数增加到 96 时,发现圆内接正 96 边形的周长大于直径的 $3\frac{10}{71}$ 倍,圆外切正 96 边形的周长小于直径的 $3\frac{1}{7}$ 倍,由此得出 π 的近似值为 22/7,相当于取 π=3.14。在世界上最先将 π 值精确到了两位小数。为了纪念阿基米德的这一伟大贡献,人们也常将 3.14 叫作"阿基米德数"。

3 世纪时,数学家刘徽独立创造了"割圆术",开启了中国古代圆周率研究的新纪元。他从圆内接正 6 边形起,一直算到圆内接正 3072

刘徽独创"割圆术"

边形,求得π的近似值为 3927/1250,相当于取π=3.1416。这是当时世界上π的最佳近似值,后人称之为"徽率"。

200 年后,著名数学家祖冲之更上一层楼,从圆内接正 6 边形一直算到圆内接正 24576 边形。

要完成这样的计算,祖冲之至少需要对 9 位数字反复进行 130 次以上的各种运算,其中,仅乘方运算和开方运算就有近 50 次,有效数字高达 18 位之多。而且,任何一处计算的些许差池,都会使整个计算归于失败。祖冲之凭借坚韧顽强的意志和严谨细致的作风,出色地完成了这项艰苦卓绝的工程,他算出圆周率

祖冲之

在 3.1415926 与 3.1415927 之间,最先将π值精确到了 6 位小数。

祖冲之还用两个分数来表示圆周率,一个是"约率"22/7,一个是"密率"355/113。其中,"密率"不仅便于记忆,还是分子、分母在 1000以内时表示圆周率的最佳分数。祖冲之的这项世界纪录保持了 1000多年,直到 1573 年,荷兰数学家奥托才重新得到 355/113 这个分数形式的结果。因此,人们将 355/113 叫作"祖率",以纪念祖冲之为数学发展做出的卓越贡献。

1596 年,欧洲数学家鲁道夫又创造了一个奇迹。他通过计算圆外切与圆内接正 2^{30} 边形,将π值精确到了 15 位小数,后来,他把正多边形的边数增加到 2^{62},算出了π的 35 位小数。这一工作耗费了鲁道夫的大部分生命。鲁道夫去世后,人们为了纪念他,将这一数值铭刻

祖冲之

少儿科普名人名著书系

在他的墓碑上，并称之为"鲁道夫数"。

1761 年，德国数学家兰伯特通过证明π是无理数，从理论上彻底解决了π的精确值问题。他指出：π的小数部分一定是无限而又不循环的。

尽管如此，人们仍未放弃π的计算。1841 年，英国的卢瑟福将π算到 208 位小数，其中 152 位是正确的；1844 年，杰出计算家达瑟将π算到 200 位小数；9 年之后，卢瑟福重新计算π值，又将π算到了 400 位小数……

1873 年，英国学者威廉·沙可斯采用无穷级数的方法，经过 30 年坚持不懈的努力，又将π算到了 707 位小数。在电子计算机问世之前，这可算得上是一项空前的纪录。后来，人们将这一凝聚着沙可斯毕生心血的数值，铭刻在他的墓碑上，以颂扬他顽强的意志和坚韧不拔的毅力。

有人将沙可斯算得的π的前 608 位小数做了一次统计，发现 3 出现了 68 次，9 和 2 出现了 67 次……而 7 只出现了 44 次。各个数字出现的次数如此参差不齐，使得人们对沙可斯的计算结果产生了怀疑。

但是，怀疑归怀疑，谁又愿意再花几十年的时间，去验证沙可斯的每一步计算呢？

1949 年，在世界第一台电子计算机上，几个美国小伙子工作了 70 个小时，把π算到了 2037 位数。比较这个最新的计算结果，人们找到了沙可斯的一处错误。原来，π的第 528 位小数是 5，而沙可斯却错写成了 4，由于他当时没有发现，以致他后面的计算全都给一笔勾销了，白白浪费了 10 多年的工夫。

以后，随着计算机技术的飞速发展，人们求出的圆周率也就愈加精确。1973 年 5 月，两位法国女数学家利用一台 7600CDC 型电子计算机，把圆周率精确到了 100 万位小数；1978 年，两位日本专家利用一台更加先进的电子计算机，又把圆周率精确到了 800 万位小数。如果把这些数字全都记录下来，印在书上，那么，这本书将比小学的全套数学课本还要厚；如果让一个人用笔来算，那么，算出这个数值至少需要 10 万年！

利用计算机求π的近似值

　　2011 年 11 月 16 日，日本的近藤茂在超级计算机上将π值算到了 10 万亿位。

　　当然，计算如此精确的圆周率，对计算圆的面积已没有实际的意义。在实际生活中，把π取作 3.1416 也就足够了。因此，有些数学家认为，这种计算纯粹是一种数学游戏；而另一些数学家则认为，可以由此研究π小数出现的规律性，更重要的是，它可以说明人类对自然的认识是无穷无尽的。

神秘的两栖物

著名数学家华罗庚说过:"数是数(shǔ)出来的,一个一个地数(shǔ),因而出现了1,2,3,4,5……"其实,不仅是自然数,其他一些数的引入,也都与物体的度量有关。分数的引入,与度量物体的细小部分有关;无理数的引入,与度量正方形对角线这类长度有关……

16世纪时,数学家们遇到了一种奇怪的数,这种数与物体的度量无关,而且在很长的一段时间里,谁都没能在生活中找到一样事物,说它需要用这种数来刻画。

例如,意大利数学家卡尔达诺(旧译卡当)就曾遇见过这种奇怪的数。有一次,他动手解答一道很简单的数学题:"两个数的和是10,积是40,问这两个数各是多少?"

卡尔达诺设第一个数是x,由于两个

卡尔达诺

数的和是10,他将第二个数记作(10−x);因为两个数的积是40,于是有

$$x(10−x)=40,$$

即　　$x^2−10x+40=0$。

这是一个一元二次方程。数学家们早就知道了这类方程的求根公式,只要把方程的系数1,−10,40代入公式里,马上就可以算出方程的两个答案来。可是,当卡尔达诺把1,−10,40代入公式后,却算出了两个令人困惑不解的怪东西:$5+\sqrt{−15}$和$5−\sqrt{−15}$。

卡尔达诺为什么困惑不解呢?

原来,他遇上了负数开平方的情形。"$\sqrt{}$"是开平方运算的符号,如$3^2=9$,则$\sqrt{9}=3$。人们一直认为,负数是不能开平方的,不仅如此,当时的人们对一些正数开平方,如$\sqrt{2}$、$\sqrt{15}$,也认为"仅仅是些记号而已",不承认它们是一种数。因此,讨论$\sqrt{−15}$就更加没有意义了。

卡尔达诺想,既然$\sqrt{15}$"仅仅是些记号而已",那么,何尝不把$\sqrt{−15}$也看作"是些记号而已"呢?他鼓足勇气,"不管良心会受到多大的责备",把那两个怪东西当作是两个数,代入题中进行了演算。瞧:

$$(5+\sqrt{−15})+(5−\sqrt{−15})=10,$$

$$(5+\sqrt{−15})×(5−\sqrt{−15})=40,$$

这两个怪东西正好是题目要求的数!

从这个意义上说,这两个怪东西应该是一种数。可是,这是一种什么样的数呢?卡尔达诺没有弄清楚,17世纪的数学家们也没有弄清楚。他们觉得这种数不像其他的数那样"实在",有一种虚无缥缈的味道,于是就起了个名字叫"虚数"。

尽管虚数有了数的名称，许多数学家仍然拒绝承认它。例如著名数学家牛顿就曾严厉指责虚数缺乏"实在"的物理意义。大数学家莱布尼茨更有趣,他说:虚数是"理想世界的奇异创造",是一个"介于存在与不存在之间的两栖物"。

神秘的两栖物

18世纪下半叶,著名数学家欧拉最先采用 i 这个记号来表示虚数单位。例如,$\sqrt{-1}$可以记作 i,$\sqrt{-15}$可以记作$\sqrt{15}i$。但是,欧拉也没有弄清虚数到底是个什么东西。他说:"一切形如$\sqrt{-1}$、$\sqrt{-2}$的数学式,都是不可能有的、想象的数……它们既不是什么都不是,也不比什么都不是多些什么,更不比什么都不是少些什么。它们纯属虚构。"

其实,虚数并不是虚构的数,其中的秘密,数学家们直到19世纪才弄清楚。有人用平面上的点来表示虚数,对虚数的性质做出了合理的解释,虚数也就逐渐为大家所接受。在现在的高中课本里,对虚数的性质做了详细的叙述,到时候,读者们自会去做一番探幽揽胜的巡游，这里就不多加介绍了。

　　需要指出的是，有了虚数之后，整个数系也就完备了。除了0不能作分母以外，任何两个数都可以相加、相减、相乘、相除，以及乘方和开方了。

奇怪的旅社

前些年,有人发明了一个单词milli-millillion,用来表示一个大得令人目眩的数:$10^{6000000000}$。

这个数有多大呢？如果用一般的记数法表示这个数，得在1的后面接连不停地写上60亿个0！专门把这些0写下来，就可以写成一本几千册数学课本那么厚的书呢。

这个数太大了,并没有什么实质的意义,数学家也没有怎么理会它。有趣的是,一些比它大得多的数,眼下却备受数学家的青睐。

例如,所有自然数的个数,它不知要比$10^{6000000000}$大多少倍,无论你怎么有耐心,也无法将它写出来。即使你一天能够写出60亿个数字,即使你分秒不停地写上100年,也只能写出它很小很小的一部分。

像这样一些大得无法把它们写出来,也无法把它们读出来的数,在数学上就叫作"无穷大数"。数学家特地创造出一个符号"∞"来表示它们。

无穷大数是一些非常奇怪的数,如同魔术师手中的魔杖,常常产生出一些令人难以置信的奇迹。著名数学家希尔伯特曾用一个有趣的故事,展示了无穷大数创造的一个奇迹。

　　在日常生活中,常常会遇到这样一种情况。一家旅社里已经住满了旅客,这时,又来了位客人想订个房间,服务员歉意地对他说:"对不起,所有的房间都住满了。"

　　希尔伯特指出,如果这家旅社有无穷多间客房,情况就大不一样了。即使所有的房间全都住上了旅客,服务员也会热情地对新来的客人说:"欢迎阁下光临,请稍候。"

　　服务员把1号房间的旅客请到2号房间,把2号房间的旅客请到3号房间,把3号房间的旅客请到4号房间,等等,这样一来,新来的客人就住进了已被腾空的1号房间。而原来的旅客呢,仍然全都住在这家旅社里。

　　如果紧接着又来了无穷多位投宿的客人,服务员仍然会热情地

奇怪的旅社

说："欢迎诸位光临,请稍候。"他通知 1 号房间的旅客移到 2 号房间,2 号房间的旅客移到 4 号房间,3 号房间的旅客移到 6 号房间……这样一来,所有的奇数号房间都已腾出来了,它的间数有无穷多,正好可以接待新来的无穷多位客人;而原来的旅客呢,仍然全都住在这家旅社里,他们住的是偶数号房间。

这个故事的结尾太"玄"了,旅社的偶数号房间,竟然住下了原来的全部旅客。偶数是部分,自然数是整体,这么一来,岂不成了部分可以等于整体吗?

对!部分可以等于整体。这个有趣的小故事,正是用来形象地介绍无穷大数这一奇异性质。

部分怎么可以等于整体呢?自然数的个数是无穷大数,偶数是自然数的一部分,它的个数也是无穷大数,怎样比较这些无穷大数的大小呢?

实际上,面对这些大得数不清了的数,我们的处境与原始人类差不多。那时候,七八只野兽,十几个猎人,也是一些大得数不清了的数目。原始人类是怎样比较两个数目大小的呢?有一群野兽,一群猎人,要判断谁多谁少,原始人类想出了一个聪明的主意,他们把第一只野兽和第一个猎人搭配,把第二只野兽和第二个猎人搭配……如果野兽与猎人刚好一一搭配完,他们就得到了结论:兽数与人数一样多。这种方法很原始,却很管用。正好用来比较两个无穷大数的大小。

自然数的个数虽然有无穷多,但是,任意写出一个自然数,只要乘以 2,就可以得到一个与它搭配的偶数。假如能顺序写出所有的自然数,那么,只要逐个去乘2,也就顺序写出了所有的偶数。

$$\text{自然数}\quad 0\ 1\ 2\ 3\ 4\ 5\ \cdots\ n\ \cdots$$
$$\downarrow\ \downarrow\ \downarrow\ \downarrow\ \downarrow\ \downarrow\quad\ \downarrow$$
$$\text{偶数}\quad\ 0\ 2\ 4\ 6\ 8\ 10\ \cdots\ 2n\ \cdots$$

这不就是说,自然数与偶数刚好一一搭配完吗?瞧,我们也得到了结论:偶数的个数与自然数同样多,部分可以等于整体!

不过,并不是所有的无穷大数都一样大,部分也不是总等于整体的。例如,用长度为1的线段在直线上无限次地截取,就会得到无穷多个表示自然数的点。如果把直线上所有的点看作是"整体",那么,所有表示自然数的点就是它的"部分",在这里,部分是一定小于整体的,因为直线上所有点的个数要比自然数的个数大得多。

为了区分不同的无穷大数,数学家们把无穷大数分成了3个等级。

像自然数的个数这样一些大得数不清的数目,属于第一级无穷大数,记作$\aleph_0$(读作阿列夫零)。奇数的个数、偶数的个数、分数的个数,都与自然数同样多,所以它们都属于第一级无穷大数。

像直线上所有点的个数这样一些更大的数目,属于第二级无穷大数,记作$\aleph_1$。任意一条线段上点的个数、任意一个正方形内点的个数、任意一个立方体内点的个数,都与直线上点的个数同样多,所以它们都属于第二级无穷大数。

数学家们发现,各种曲线式样的样数,比直线上所有点的个数还要多,于是就将它划为第三级无穷大数,记作$\aleph_2$。

千变万化的形 ⇒

少儿科普名人名著书系

度天下之方圆

有一个气魄宏伟的动人故事,叫大禹治水。

故事发生在遥远的公元前21世纪,那时,黄河流域经常"洪水滔天"。洪水吞没田园,冲毁房舍,使人们流离失所,于是,各个部落的人们团结起来,与大自然展开了一场艰苦卓绝的斗争。

起初,这场斗争由大禹的父亲鲧(gǔn)来指挥。鲧一心想把事情办好,但采用的方法不对,他一味强调"水来土掩",哪里有洪水就派人到哪里去堵,结果越堵水患越严重。

鲧治水失败后,大禹挺身而出,担负起领导治水的重任。他认为要制服水患,就必须因势利导,根据河流的走势宣泄水流。为了规划出一套正确的治水方案,大禹不辞辛劳

大禹治水的传说

地爬山涉水，实地勘察山川形势。他三过家门而不入，领导人们开山劈岭，疏浚河道，广修沟渠，奋战 12 年，终于"开九州，通九道"，制服了水患，谱写了一曲人定胜天的凯歌。

不具备相当的数学知识，就很难完成这项规模巨大的工程。所以，史书在记载大禹治水的动人事迹时，都没有忘记加上一句：大禹"左准绳，右规矩"。意思是大禹随身携带着规、矩这几样测量工具。

规矩是些什么样的奇妙工具，竟能用来"望山川之形，定高下之势"，在改造大自然的斗争中大建奇功？

在山东省嘉祥县一座古代建筑的石室造像中，依稀可见规矩的模样。图中有两位古代神话中我们远古祖先的形象，一位叫伏羲，一位叫女娲。伏羲手中的物体就是规，它呈两脚状，与现在的圆规相似；女娲手中的物体叫作矩，它呈直角拐尺形。

汉代武梁祠石室造像

原来，规就是画圆用的圆规，矩就是折成直角的曲尺。矩由长短两把尺合成，短尺叫勾，长尺叫股，可以用来画直线或者作直角。

公元前 11 世纪，有位叫商高的古代数学家，曾详细介绍了用矩的方法。他说：

"把矩平放在地上，可以定出绳子的铅直；把矩竖立起来，可以测量物体的高度；把矩倒立过来，可以测量物体的深度；把矩平卧在地上，可以测量两地之间的距离。矩旋转一周，就形成了一个圆形；两个矩合拢起来，就形成了一个方形。

　　"知天文识地理的人是很有学问的，而这种学问就来自勾股测量，勾股测量又依赖于矩的应用。矩与数结合起来，就可以设计和制作天下的万物。"

　　瞧，矩的用途是多么广泛和灵活，我们的祖先又将它运用得多么出神入化啊。

　　规矩究竟发明于何时，已经很难考察了，但它们起源于极遥远的古代，却是毋庸置疑的。在中国最早的文字甲骨文中，已有了规、矩这两个字，其中的规字，就很像手执圆规画圆的样子。到了春秋战国时期，书中关于规矩的论述更是多得不胜枚举。墨子说过：造车的工匠"执其规矩，以度天下之方圆"。孟子说过：即使是离娄那样眼光锐利的人，即使是鲁班那样心灵手巧的工匠，"不以规矩，不能成方圆"。可见至少从那时起，规与矩的应用在民间已经很普遍了。

测算地球周长

公元前 3 世纪, 有位古希腊数学家叫埃拉托色尼。他才智高超, 多才多艺, 在天文、地理、机械、历史和哲学等领域里, 也都有很精湛的造诣, 甚至还是一位不错的诗人和出色的运动员。

人们公认埃拉托色尼是一个罕见的奇才, 称赞他在当时所有的知识领域都有重要贡献, 但又认为, 他在任何一个领域里都不是最杰出的, 总是排在第二位, 于是送他一个外号"贝塔"。意思是第二号。

能得到"贝塔"的外号是很不容易的, 因为古希腊最伟大的天才阿基米德, 与埃拉托色尼就生活在同一个时代! 他们两人是亲密的朋友, 经常通信交流研究成果, 切磋解题方法。大家知道, 阿基米德曾解决了"砂粒问题", 算出填满宇宙空间至少需要多少粒砂, 使人们瞠目结舌。大概是受阿基米德的影响吧, 埃拉托色尼也回答了一个令人望而生畏的难题: 地球有多大?

怎样确定地球的大小呢? 埃拉托色尼想出了一个巧妙的主意:

测算地球的周长。

　　埃拉托色尼生活在亚历山大城里,在这座城市正南方的 785 千米处,另有一座城市叫塞尼。塞尼城中有一个非常有趣的现象,每年夏至(农历节气)那天的中午 12 时,阳光都能直接照射城中一口枯井的底部。也就是说,每逢夏至那天的正午,太阳就正好悬挂在塞尼城的天顶。

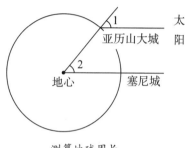

测算地球周长

　　亚历山大城与塞尼城几乎处于同一条经线上。在同一时刻,亚历山大城却没有这样的景象,太阳稍稍偏离天顶的位置。一个夏至日的正午,埃拉托色尼在城里竖起一根小木棍,动手测量天顶方向与太阳光线之间的夹角(图中的∠1),测出这个夹角是 7.2°,等于 360° 的 1/50。

　　由于太阳离地球非常遥远,可以近似地把阳光看作是彼此平行的光线。于是,根据有关平行线的定理,埃拉托色尼得出了∠1 等于∠2 的结论。

　　在几何学里,∠2 这样的角叫作圆心角。根据圆心角定理,圆心角的度数等于它所对的弧的度数。因为∠2=∠1,它的度数也是 360° 的 1/50,所以,图中表示亚历山大城和塞尼城距离的那段圆弧的长度,应该等于圆周长度的 1/50。也就是说,亚历山大城与塞尼城的实际距离,正好等于地球周长的 1/50。

　　于是,根据亚历山大城与塞尼城的实际距离,乘以 50,就算出了地球的周长。埃拉托色尼的计算结果是:地球的周长为 39250 千米。

这是人类历史上第一次进行这样的测量。

联想到埃拉托色尼去世 1800 年后，仍然有人为地球是圆的还是方的而喋喋不休时，埃拉托色尼高超的计算能力和惊人的胆识，益发受到人们的称颂。

几何学一大宝藏

100多年前,一位心理学家做了个有趣的实验。他精心设计出许多个不同的矩形,然后邀请许多朋友来参观,请他们各自选择一个自认为最美的矩形。结果,592位来宾选出了4个矩形。

这4个矩形看上去协调、匀称、舒适,确实能给人一种美的享受。那么,这种美的奥秘在哪里呢?

心理学家动手测量了它们的边长,发现它们的长和宽分别是:5,8;8,13;13,21;21,34。而这些边长的比值,又都出乎意料地接近于0.618。

$$\frac{5}{8} \approx 0.625;\quad \frac{8}{13} \approx 0.615;$$

$$\frac{13}{21} \approx 0.619;\quad \frac{21}{34} \approx 0.618。$$

这是一次偶然的巧合吗?

选择一扇看上去最匀称的窗户,量一量它的各个边长吧;选一册装帧精美的图书，算一算它边长的比值吧……只要留心观察，就不难时时发现"0.618"的踪迹。有经验的报幕员上台亮相，绝不会走到舞台的正中央，而是站在近乎舞台长度的0.618倍处，给观众留下一个美的形象……

哪里有"0.618"，哪里就闪烁着美的光辉。连女神维纳斯的雕像上也都烙有"0.618"的印记。如若不信，不妨去算一算这尊女神身长与躯干的比值，看看是不是接近于0.618？而一般人身长与躯干之比，大约只有0.58。难

翩翩起舞的芭蕾舞演员

怪芭蕾舞演员在翩翩起舞时，要不时地踮起脚呢。

这些都是偶然的巧合吗？当然不是。数学家会告诉你，它们遵循着数学的黄金分割律。

公元前4世纪，有位叫欧多克斯的古希腊数学家，曾经研究过这样一个问题："如何在线段AB上选一点C，使得$AB：AC=AC：CB$？"这就是赫赫有名的黄金分割。

黄金分割

C点应该选择在什么地方呢？不妨假设线段AB的长度是1，C点到A点的长度是x，则C点到B点的长度是$(1-x)$，于是

欧多克斯

$$1 : x = x : (1-x)$$

解得　$x = \dfrac{-1 \pm \sqrt{5}}{2}$

舍去负值,得

$$x = \dfrac{\sqrt{5}-1}{2} \approx 0.618$$

"0.618"是唯一满足黄金分割的点,叫作黄金分割点。

黄金分割冠以"黄金"二字,足见人们对它的珍视。艺术家们发现,遵循黄金分割来设计人体形象,人体就会呈现最优美的身段;音乐家们发现,将手指放在琴弦的黄金分割点处,乐声就益发洪亮,音色就更加和谐;建筑师们发现,遵循黄金分割去设计殿堂,殿堂就更加雄伟庄重,去设计别墅,别墅将更使人感到舒适;科学家们发现,将黄金分割运用到生产实践和科学实验中,能够取得显著的经济效益……

黄金分割的应用极其广泛,不愧为几何学的一大宝藏。

逻辑体系的奇迹

公元前 3 世纪时,最著名的数学中心是亚历山大城;在亚历山大城,最著名的数学家是欧几里得。

欧几里得知识渊博,数学造诣精湛,尤其擅长几何证明。连当时的国王也经常向他请教数学问题呢。有一次,国王做一道几何证明题,接连做了许多天都没有做出来,就问欧几里得,能不能把几何证明搞得稍微简单一些。欧几里得认为国王想投机取巧,于是不客气地回答说:"陛下,几何学里可没有专门为您开辟的大道!"这句话长久地流传了下来,许多人把它当作学习几何的箴(zhēn)言。

欧几里得

在数学上,欧几里得最大的贡献是编了一本书。当然,仅凭这一本书,就足以使他获得不朽的声誉。

这本书，也就是震烁古今的数学巨著《几何原本》。

为了编好这本书，欧几里得创造了一种巧妙的陈述方式。一开头，他介绍了所有的定义，让大家一翻开书，就知道书中的每个概念是什么意思。例如，什么叫作点？书中说："点是没有部分的。"什么叫作线？书中说："线有长度但没有宽度。"这样一来，大家就不会对书中的概念产生歧义了。

接下来，欧几里得提出了5个公理和5个公设：

公理1　与同一件东西相等的一些东西，它们彼此也是相等的。

公理2　等量加等量，总量仍相等。

公理3　等量减等量，余量仍相等。

公理4　彼此重合的东西彼此是相等的。

公理5　整体大于部分。

公设1　从任意的一个点到另外一个点作一条直线是可能的。

公设2　把有限的直线不断循直线延长是可能的。

公设3　以任一点为圆心和任一距离为半径作一圆是可能的。

公设4　所有的直角都相等。

公设5　如果一直线与两直线相交，且同侧所交两内角之和小于两直角，则两直线无限延长后必相交于该侧的一点。

在现在看来，公理与公设实际上是一回事，它们都是最基本的数学结论。公理的正确性是毋庸置疑的，因为它们都经过了长期实践的反复检验。而且，除了第五公设以外，其他公理的正确性几乎是"一目了然"的。想想看，你能找出一个例子，说明这些公理不正确吗？

这些公理是干什么用的呢？欧几里得把它们作为数学推理的基

础。他想，既然谁也无法否认公理的正确性，那么，用它们作理论依据去证明数学定理，只要证明的过程不出差错，定理的正确性也就同样不容否认了。而且，一个定理被证明以后，又可以用它作为理论依据，去推导出新的数学定理来。这样，就可以用一根逻辑的链条，把所有的定理都串联起来，让每一个环节都衔接得丝丝入扣，无懈可击。

在《几何原本》里，欧几里得用这种方式，有条不紊地证明了467个最重要的数学定理。

从此，古希腊丰富的几何学知识，形成了一个逻辑严谨的科学体系。

这是一个奇迹！2000多年后，大科学家爱因斯坦仍然怀着深深的敬意，称赞说：这是"世界第一次目睹了一个逻辑体系的奇迹"。

由区区10个公理，竟能推导出那么多的数学定理来，这也是一个奇迹。而且，这些公理公设，多一个显得累赘，少一个则基础不巩固，其中自有很深的奥秘。后来，欧几里得独创的陈述方式，也就一直为历代数学家所沿用。

《几何原本》共13卷，内容博大精深，是古代西方第一部完整的数学专著，长时期被誉为科学著作的典范，并统御西方几何学达1800年之久。

几千年里，《几何原本》引导一代又一代的青年人跨入辉煌的数学殿堂，哥白尼、伽利略、牛顿以及许许多多的大科学家，年轻时都曾认真学习过这本书。据统计，自从中国的印刷术传入欧洲以后，《几何原本》已用各种文字重版了1000多次，极其深刻地影响了世界数学的发展。后来，大家干脆把书中阐述的几何学知识，叫作"欧几里得几何"。

送给外星人看

几何学里有一个非常重要的定理，在中国叫勾股定理，在国外叫毕达哥拉斯定理。相传毕达哥拉斯发现这个定理后欣喜欲狂，宰了100头牛大肆庆贺了许多天，因此这个定理也叫百牛定理。

勾股定理的大意是：任意画一个直角三角形，它的两条直角边的平方和，一定会等于斜边的平方。这个定理精确地刻画了直角三角形3条边之间的数量关系，以它为基础，还可以推导出不少重要的数学结论来。

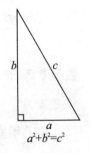

$$a^2+b^2=c^2$$

勾股定理不仅是最古老的数学定理之一，也是数学中证法最多的一个定理。几千年来，人们已经发现了400多种不同的证明方法，足以编成厚厚的一本书。实际上，国外确实有一本这样的书，书中收集有370多种不同的证法。在为数众多的证题者中，不仅有著名的数学家，也有许多数学爱好者。美国第20任总统伽菲尔德，就曾发现过一种巧妙的证法。

伽菲尔德的证法很有趣。他首先画两个同样大小的直角三角形,然后设法组成一个梯形。根据梯形面积的计算公式,整个图形的面积为

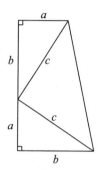

$$S = \frac{a+b}{2}(a+b)$$
$$= \frac{1}{2}(a^2+b^2+2ab)$$

另一方面,根据三角形面积计算公式,整个图形的面积为

$$S = \frac{1}{2}ab + \frac{1}{2}ab + \frac{1}{2}c^2 = \frac{1}{2}(2ab+c^2)$$

证明勾股定理

无论用哪种方法计算,整个图形的面积都是不会改变的,于是有

$$\frac{1}{2}(a^2+2ab+b^2) = \frac{1}{2}(2ab+c^2)$$

即 $a^2+b^2=c^2$

据说,世界上最先证明勾股定理的人,是古希腊数学家毕达哥拉斯,但谁也未见过他的证法。目前所能见到的最早的一种证法,属于古希腊数学家欧几里得,他的证法采用演绎推理的形式,记载在世界数学名著《几何原本》里。

在中国,最先明确地证明勾股定理的人,是三国时期的数学家赵爽。

赵爽的证法很有特色。首先,他作 4 个同样大小的直角三角形,将它们拼成右图的形状,然后再着手计算整个图形的面积。显然,整个图形是一个正方形,它的边长是 c,面积为 c^2。另一方面,整个图形又可以看作是 4 个三角形与 1 个小正方形面积的和。4

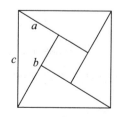

弦图

个三角形的总面积是 $4 \times \frac{1}{2}ab = 2ab$，中间那个小正方形的面积是 $(b-a)^2$，它们的和是 $2ab + (b-a)^2 = a^2 + b^2$。比较这两种方法算出的结果，就有

$$a^2 + b^2 = c^2$$

赵爽的证法鲜明地体现了中国古代证题术的特色。这就是先对图形进行移、合、拼、补，然后再通过代数运算得出几何问题的证明。这种方法融几何代数于一体，不仅严谨，而且直观，显示出与古代西方数学完全不同的风格。

比赵爽稍晚几年，数学家刘徽发明了一种更巧妙的证法。在刘徽的证法里，已经用不着进行代数运算了。

刘徽想：直角三角形 3 条边的平方，可以看作是 3 个不全相等的正方形，这样，要证明勾股定理，就可以理解为要证明：两条直角边上的正方形面积之和，等于斜边上正方形的面积。

刘徽

于是，刘徽首先做出两条直角边上的正方形，他把由一条直角边形成的正方形叫作"朱方"，把由另一条直角边形成的正方形叫作"青方"，然后把图中标注有"出"的那部分图形，移到标注有"人"的那些位置，就拼成了图中斜置的那个正方形。

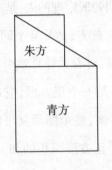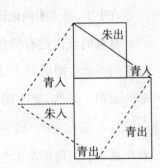

出入相补图

刘徽把斜置的那个正方形叫作"弦方",它正好是由直角三角形斜边形成的一个正方形。

经过这样一番移、合、拼、补,自然而然地得出了结论:

朱方+青方=弦方。

即 $a^2+b^2=c^2$。

"出入相补图",这是一幅多么神奇的图啊!甚至不用去标注任何文字,只要相应地涂上朱、青两种颜色,也能把蕴含于勾股定理中的数学真理,清晰地展示在世人面前。

著名数学家华罗庚认为,无论是在哪个星球上,数学都是一切有智慧生物的共同语言。如果人类要与其他星球上的高级生物交流信息,最好是送去几个数学图形。其中,华罗庚特别提到了这幅"出入相补图"。

送给外星人看

我们深信,如果外星人真的见到了这幅图,一定很快就会明白:地球上生活着具有高度智慧和文明的友邻,那里的人们不仅懂得"数形关系",而且还善于几何证明。

尺规作图拾趣

希腊是奥林匹克运动的发源地。奥运会上的每一个竞赛项目，对运动器械都有明确的规定，不然的话，就不易显示出谁"更快、更高、更强"。一些古希腊人认为，几何作图也应像体育竞赛一样，对作图工具做一番明确的规定，不然的话，就不易显示出谁的逻辑思维能力更强。

应该怎样限制几何作图工具呢？他们认为，几何图形都是由直线和圆组成的，有了直尺和圆规，就能做出这两样图形，不需要再添加其他的工具。于是规定在几何作图时，只准许使用圆规和没有刻度的直尺，并且规定只准许使用有限次。

由于有了这样一个规定，一些普普通通的几何作图题，顷刻间身价百倍，万众瞩目，有不少题目甚至让西方数学家苦苦思索了 2000 多年。

尺规作图的特有魅力，使无数的人沉湎其中，乐而忘返。连拿破仑这样一位威震欧洲的风云人物，在转战南北的余暇，也常常沉醉于尺规作图的乐趣中。有一次，他还编了一道尺规作图题，向全法国数学家挑战呢。

拿破仑出的题目是："只准许使用圆规，将一个已知圆心的圆周4等分。"

由于圆心 O 是已知的，求出这个题目的答案并不难。

如图所示，在圆周上任意选一点 A，用圆规量出 OA 的长度，然后以 A 点为圆心画弧，得到 B 点；再以 B 点为圆心画弧，得到 C 点；再以 C 点为圆心画弧，得到 D 点。这时，用圆规量出 AC 的长度，再分别以 A 点和 D 点为圆心画两条弧，得到交点 M。接下来，只

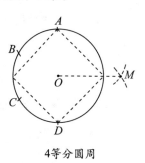

4等分圆周

要用圆规量出 OM 的长度，逐一在圆周上划分，就可以把圆周4等分了。

如果再增添一把直尺，将这些4等分点连接起来，就可以得到一个正四边形。由此不难看出，等分圆周与作正多边形实际上是一回事。

那么，只使用直尺和圆规，怎样作出一个正5边形和正6边形呢？

这两个题目都很容易解答，有兴趣的读者不妨试一试。

不过，只使用直尺和圆规，要作出正7边形可就不那么容易了。别看由6到7，仅仅只增加了一条边，却一跃成为古代几何的四大名题之一。尺规作图题就是这样变化莫测。

这个看上去非常简单的题目，曾经使许多大数学家都束手无策。后来，著名数学家阿基米德发现了前人之所以全都失败了的原因：正7边形是不能由尺规作出的。阿基米德从理论上严格证明了这一结论。

那么，采用尺规作图法，究竟有哪些正多边形作得出来，有哪些

作不出来呢？

有人猜测：如果正多边形的边数是大于 5 的质数，这种正多边形就一定作不出来。

17 是一个比 5 大的质数，按上面这种说法，正 17 边形是一定作不出来的。在过去的 2000 年里，确实有许多数学家试图作出正 17 边形，但无一不遭受失败。岂料在 1796 年，18 岁的大学生高斯居然用尺规作出了一个正 17 边形，顿时轰动了整个欧洲数学界。

这件事也深深震撼了高斯，使他充分意识到了自己的数学能力，从此决心献身于数学研究，后来终于成为一代数学大师。

高斯还发明了一个判别法则，指出什么样的正多边形能由尺规作出，什么样的正多边形则不能，圆满地解决了作正多边形的可能性问题。高斯的判别法则表明，能够由尺规作出的正多边形是很少的，例如，在边数是 100 以内的正多边形中，能够由尺规作出的只有 24 种。

有趣的是，正 7 边形的边数虽少，却不能由尺规作出；而正 257 边形，边数多得叫人实际上很难画出这样的图形，却一定可由尺规作出。1832 年，数学家里切洛特根据高斯指出的原则，解决了正 257 边形的作图问题。他的作图步骤极其烦琐，写满了 80 页纸，创造了一项"世界纪录"。

1894 年，德国人赫尔梅斯又刷新了这个纪录。他费了 10 年工夫，解决了正 65537 边形的作图问题。实际上，人们无法真实地画出正 65537 边形。如果要实际画出这个正多边形及其外接圆，哪怕是正多边形的边与圆周之间的距离只有 1 毫米，这个圆的半径也要达到 286 万千米，相当于地球到月球距离的 7.5 倍。这是世界上最繁琐的尺规作图题。

完全正方形

如果有人对你说,正方形中隐藏着一个"数学之谜",你一定会不以为然,不假思索地反问道:"这有可能吗?"

是啊,人们太熟悉正方形了。它的 4 条边一样长,4 个角一样大,简简单单,普普通通,许多人甚至在上幼儿园之前就知道什么是正方形了。

有趣的是,在这个大家最熟悉的几何图形中,确实隐藏着一个奇妙的"数学之谜"。

如若不信,就请你试试:用一些互不相等的小正方形,能够拼出一个大正方形来吗?

在数学上,这样的大正方形叫作完全正方形。别以为拼出完全正方形容易得很,实际上,直到 20 世纪 30 年代,还没有人能够拼出一个完全正方形呢!有些数学家甚至断言:完全正方形是根本不存在的。

完全正方形真的不存在吗?半个多世纪以前,英国剑桥大学有 4

个年轻的学生,不相信作不出一个完全正方形来,于是就聚在一起探索解题途径。渐渐地,他们被这种奇妙的正方形迷住了,虽然屡遭挫折,也毫不气馁,反而益发增强了深入研究的信念。大学毕业后,他们各奔东西,但仍然都锲而不舍地研究这个问题,还互相交流研究成果,探讨有关的理论问题。1939 年,终于在理论的指导下,发现了一个由 39 个小正方形组成的完全正方形。

通过研究完全正方形,这 4 个年轻人进步很快,后来都成了组合数学和图论的专家。1976 年,荷兰数学家杜伊维斯汀在电子计算机的帮助下,发现了一个由 21 个小正方形组成的完全正方形。图中的数字表示各个小正方形的边长。

数学家已经证明,它是由最少数目的正方形组成的完全正方形。

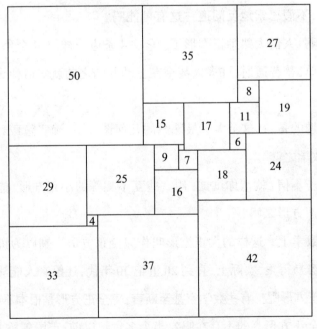

完全正方形

蜜蜂的智慧

  蜜蜂的勤劳是最受人们赞赏的。有人做过计算，一只蜜蜂要酿造 1 千克蜜，就得去 100 万朵花上采集原料。如果花丛离蜂房的平均距离是 1.5 千米，那么，每采 1 千克蜜，蜜蜂就得飞上 45 万千米，几乎等于绕地球赤道飞行了 11 圈。

  其实，蜜蜂不仅勤劳，也极有智慧。它们在建造蜂房时显示出惊人的数学才华，连人间的许多建筑师也都感到惭愧呢！

  著名生物学家达尔文甚至说："如果一个人看到蜂房而不备加赞扬，那他一定是个糊涂虫。"

  蜂房是蜜蜂盛装蜂蜜的库房。它由许许多多个正六棱柱状的蜂巢组成，蜂巢

蜜蜂的数学才华

一个挨着一个，紧密地排列着，中间没有一点空隙。早在2200多年前，一位叫帕普斯的古希腊数学家，就对蜂房精巧奇妙的结构做了细致的观察与研究。

帕普斯在他的著作《数学汇编》中写道：蜂房里到处是等边等角的正多边形图案，非常匀称规则。在数学上，如果用正多边形去铺满整个平面，这样的正多边形只可能有3种，即正三角形、正方形和正六边形。蜜蜂凭着它本能的智慧，选择了角数最多的正六边形。这样，它们就可以用同样多的原材料，使蜂房具有最大的容积，从而贮藏更多的蜂蜜。

也就是说，蜂房不仅精巧奇妙，而且十分符合需要，是一种最经济的结构。

历史上，蜜蜂的智慧引起了众多科学家的注意。著名天文学家开普勒曾经指出：这种充满空间的对称蜂房的角，应该和菱形12面体的角一样。法国天文学家马拉尔迪则亲自动手测量了许多蜂房，他发现：每个正六边形蜂巢的底，都是由3个全等的菱形拼成的，而且，每个菱形的钝角都等于$109°28'$，锐角都等于$70°32'$。

18世纪初，法国自然哲学家雷奥米尔猜测：用这样的角度建造起来的蜂房，一定是相同容积中最省材料的。为了证实这个猜测，他请教了巴黎科学院院士、瑞士数学家凯尼格。

这样的问题在数学上叫极值问题。凯尼格用高等数学的方法做了大量计算，最后得出结论说，建造相同容积中最省材料的蜂房，每个菱形的钝角应该是$109°26'$，锐角应该是$70°34'$。

这个结论与蜂房的实际数值仅有$2'$之差。

雷奥米尔

圆周有 360°，而每 1°又有 60'。2'的误差是很小的。人们宽宏大量地想：小蜜蜂能够做到这一步已经很不错了，至于 2'的小小误差嘛，完全可以谅解。

　　可是事情并没有完结。1743 年，大数学家马克劳林重新研究了蜂房的形状，得出了一个令人震惊的结论：要建造最经济的蜂房，每个菱形的钝角应该是 109°28' 16"，锐角应该是 70°31' 44"。

　　这个结论与蜂房的实际数值相吻合。原来，不是蜜蜂错了，而是数学家凯尼格算错了！

　　数学家怎么会算错呢？后来发现，当年凯尼格计算用的对数表印错了。

　　小小的蜜蜂可真不简单，数学家到 18 世纪中叶才能计算出来、予以证实的问题，它在人类有史之前已经应用到蜂房上去了。

数学奇观 ➲

少儿科普名人名著书系

神奇的幻方

　　相传在大禹治水的年代里，陕西的洛水常常大肆泛滥。洪水冲毁房舍，吞没田园，给两岸人民带来巨大的灾难。于是，每当洪水泛滥的季节来临之前，人们都抬着猪羊去河边祭河神。每一次，等人们摆好祭品，河中就会爬出一只大乌龟来，慢吞吞地绕着祭品转一圈。大乌龟走后，河水又照样泛滥起来。

　　后来，人们开始留心观察这只大乌龟。发现乌龟壳有九大块，横着数是 3 行，竖着数是 3 列，每一块乌龟壳上都有几个小点点，正好凑成从 1 到 9 的数字。可是，谁也弄不懂这些小点点究竟是什么意思。

　　有一年，这只大乌龟又爬上岸来，忽然，一个看热闹的小孩惊奇地

加起来都是15

叫了起来:"多有趣啊,这些小点点不论是横着加,竖着加,还是斜着加,算出的结果都是 15! "人们想:河神大概是每样祭品都要 15 份吧,赶紧抬来 15 头猪和 15 头牛献给河神……果然,河水从此再也不泛滥了。

这个神奇的故事在中国流传极广,甚至写进许多古代数学家的著作里。乌龟壳上的这些点点,后来被称作是"洛书"。一些人把它吹得神乎其神,说它揭示了数学的奥秘,甚至胡说因为有了"洛书",才开始出现了数学。

撇开这些迷信色彩不谈,"洛书"确实有它迷人的地方。瞧,普普通通的 9 个自然数,经过一番巧妙的排列,就把它们每 3 个数相加和是 15 的 8 个算式,全都包含在一个图案之中,真令人不可思议。

3阶幻方

在数学上,像这样一些具有奇妙性质的图案叫作"幻方"。"洛书"有 3 行 3 列,所以叫 3 阶幻方。它也是世界上最古老的一个幻方。

构造 3 阶幻方有一个很简单的方法。首先,把前 9 个自然数按右边的样子摆好。接下来,只要把方框外边的 4 个数分别写进它对面的空格里就行了。根据同样的方法,还可以造出一个 5 阶幻方来,但却造不出一个 4 阶幻方。实际上,构造幻方并没有一个统

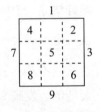

构造3阶幻方

一的方法,主要依靠人的灵巧智慧,正因为此,幻方赢得了无数人的喜爱。

历史上,最先把幻方当作数学问题来研究的人,是中国宋代的著名数学家杨辉。他深入探索各类幻方的奥秘,总结出一些构造幻方的简单法则,还动手构造了许多极为有趣的幻方。下页那个圆形幻方,杨辉称为"攒九图",就是他用前 33 个自然数构造而成的。

攒九图有哪些奇妙的性质呢？请动手算算：每个圆圈上的数加起来都等于多少？而每条直径上的数加起来，又都等于多少？

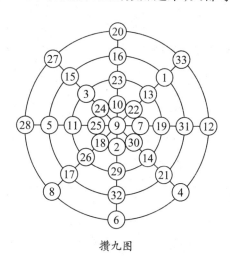

攒九图

幻方不仅吸引了许多数学家，也吸引了许许多多的数学爱好者。清代有位叫张潮的学者，本来不是搞数学的，却被幻方弄得"神魂颠倒"。后来，他构造出了一批非常别致的幻方。右边这个"龟文聚六图"，就是张潮的杰作之一。图中的 24 个数起到了 40 个数的作用，使各个 6 边形中诸数之和都等于 75。

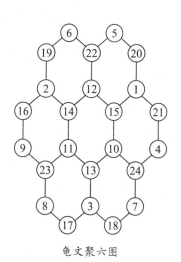

龟文聚六图

大约在 15 世纪初，幻方辗转流传到了欧洲各国，它的变幻莫测，它的高深奇妙，很快就使成千上万的欧洲人如痴如狂。包括欧拉在内的许多著名数学家，也对幻方产生了浓郁的兴趣。

欧拉曾想出了一个奇妙的幻方。它由前64个自然数组成，每列或每行的和都是260，而半列或半行的和又都等于130。最有趣的是，这个幻方的行列数正好与国际象棋棋盘相同，按照马走"日"字的规定，根据这个幻方里数的排列顺序，马就可以不重复地跳遍整个棋盘！所以，这个幻方又叫"马步幻方"。

1	48	31	50	33	16	63	18
30	51	46	3	62	19	14	35
47	2	49	32	15	34	17	64
52	29	4	45	20	61	36	13
5	44	25	56	9	40	21	60
28	53	8	41	24	57	12	37
43	6	55	26	39	10	59	22
54	27	42	7	58	23	38	11

马步幻方

近几百年来，幻方的形式越来越稀奇古怪，性质也越来越光怪陆离。现在，许多人都认为，最有趣的幻方属于"双料幻方"。它的奥秘和规律，数学家至今尚未完全弄清楚呢。

右图的8阶幻方就是一个双料幻方。

为什么叫作双料幻方呢？瞧，它的每一行、每一列以及每条对角线上8个数的和，都等于同一个常数840；而这样8个数的积呢，又都等于另一个常数2058068231856000。

46	81	117	102	15	76	200	203
19	60	232	175	54	69	153	78
216	161	17	52	171	90	58	75
135	114	50	87	184	189	13	68
150	261	45	38	91	136	92	27
119	104	108	23	174	225	57	30
116	25	133	120	51	26	162	207
39	34	138	243	100	29	105	152

双料幻方

有个叫阿当斯的英国人，为了找到一种稀奇古怪的幻方，竟毫不吝啬地献出了毕生的精力。

1910年，当阿当斯还是一个小伙子时，就开始整天摆弄前19个自然数，试图把它们摆成一个六角幻方。在以后的47年里，阿当斯食不香，寝不安，一有空就把这19个数摆来摆去，然而，经历了成千上万次的失败,始终也没有找出一种合适的摆法。1957 年的一天,正在病中的阿当斯闲得无聊,在一张小纸条上写写画画,没想到竟画出了一个六角幻方。不料乐极生悲,阿当斯不久就把这个小纸条搞丢了。后来,他又经过 5 年的艰苦探索,才重新画出那个丢失的六角幻方。(图中竖的 5 行与斜的 10 行上各自数字的和都是 38。)

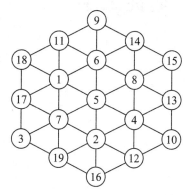

六角幻方

六角幻方得到了幻方专家的高度赞赏,被誉为数学宝库中的"稀世珍宝"。马丁·加德纳博士是一位大名鼎鼎的美国幻方专家,毕生从事幻方研究,光 4 阶幻方他就熟悉 880 种不同的排法,可他见到六角幻方后,也感到是大开眼界。

过去,幻方纯粹是一种数学游戏。后来,人们逐渐发现其中蕴含着许多深刻的数学真理,并发现它能在许多场合得到实际应用。电子计算机技术的飞速发展,又给这个古老的题材注入了新鲜血液。数学家们进一步深入研究它,终于使其成为一门内容极其丰富的新数学分支——组合数学。

"赌徒之学"

17世纪时,法国有一个很有名的赌徒,名字叫默勒。一天,这个老赌徒遇上了一件麻烦事,使他伤透了脑筋。

这天,默勒和一个侍卫官赌掷骰子,两人都下了30枚金币的赌注。如果默勒先掷出3次6点,默勒就可以赢得60枚金币;如果侍卫官先掷出3次4点,这60枚金币就归侍卫官赢走。可是,正当默勒掷出了2次6点,而侍卫官只掷出了1次4点时,意外的事情发生了。侍卫官接到通知,必须马上回去陪国王接见外宾。

赌博无法继续下去了。那么,如何分配两人下的赌注呢?

默勒说:"我只要再掷出1次6点,就可以赢得全部金币;而你要掷出2次4点,才能赢得这么多金币。所以,我应该得到全部金币的3/4,也就是45枚金币。"

侍卫官不同意这种说法,反驳说:"假如继续赌下去,我要2次好机会才能取胜,而你只要一次就够了,是2∶1。所以,你只能取走全部金币的 2/3，也就是 40 枚金币。"

两人争论不休，结果谁也说服不了谁。

事后，默勒越想越觉得自己的分法是公平合理的，可就是说不出为什么公平合理的道理来。于是，他写了一封信向法国大数学家帕斯卡请教：

两个赌徒争论不休

"两个赌徒规定谁先赢 S 局就算赢了。如果一人赢了 $a(a < S)$ 局，另一人赢了 $b(b < S)$ 局时，赌博中止了。应该怎样分配赌本才算公平合理？"

这个问题有趣得很。如果以两人已赢的局数作比例来分配他们的赌本，两人都将不服气，准会抢着嚷道："假如继续赌下去，也许我的运气特别好，接下来全归我赢。"然而，假如继续赌下去，谁又能预先确定一定归谁赢呢？即使是接下去的每一局，谁又能预先断定一定归谁赢呢？

帕斯卡对这个问题很有兴趣,他把这个题目连同他的解法,寄给了法国数学家费马。不久,费马在回信中又给出了另一种解法。他们两人不断通信,深入探讨这类问题,逐渐摸清了一些初步规律。

帕斯卡

费马曾经计算了这样一个问题:"如果甲只差 2 局就获胜,乙只差 3 局就获胜时,赌博中止了,应如何分配赌本?"

费马想:假如继续赌下去,不论是甲胜还是乙胜,最多只要 4 局就可以决定胜负。于是他逐一列出这 4 局里可能出现的各种情况,发现一共只有 16 种。如果用 a 表示甲赢,用 b 表示乙赢,这 16 种可能出现的情况是:

aaaa　aaab　aaba　aabb

abaa　abab　abba　abbb

baaa　baab　baba　babb

bbaa　bbab　bbba　bbbb

在每 4 局里,如果 a 出现 2 次或多于 2 次,则甲获胜,这类情况有 11 种;如果 b 出现 3 次或多于 3 次,则乙获胜,这类情况有 5 种。所以,费马算出了答案:赌本应当按 11:5 的比例分配。

根据同样的算法,读者不难得出结论:在默勒那次中止了的赌博中,他提出的分法确实是合理的。

帕斯卡给费马的信,写于 1654 年 7 月 29 日,这是一个值得记住的日子。因为他们两人的通信,开启了一门数学分支的先河,这门数学分支叫作概率论。

由于概率论与赌徒的这段渊源,常有人讥笑它为"赌徒之学"。

概率论主要研究隐藏在"偶然"现象中的数量规律。抛掷1枚硬币,落地时可能是正面朝上,也可能是背面朝上,谁也无法预先确定到底是哪一面朝上。它的结果纯粹是偶然的。连续地将1枚硬币抛掷50次,偶然也会出现次次都是正面朝上的情形。但是,如果继续不停地将硬币抛掷下去,这个"偶然"的现象便会呈现出一种明显的规律性。有人将硬币抛掷4040次,结果正面朝上占2048次;有人抛掷12000次,结果正面朝上占6019次;有人抛掷3万次,结果正面朝上占14998次。正面和背面朝上的机会各占1/2,抛掷硬币的次数越多,这种规律性也就越明显。

概率论正是以这种规律作依据,对在个别场合下结果是不确定的现象,做出确定的结论。例如,将1枚硬币抛掷50次,概率论的结论是:出现25次正面朝上的机会是1/2。而次次出现正面朝上的机会是多少呢?假如有一座100万人的城市,全城人每天抛掷8小时,每分钟抛掷10次,那么,一般需要700多年,这座城市才会出现一回这样的情形。

19世纪初,法国数学家拉普拉斯为概率论的发展做出了重大贡献。有一次,他根据大量的统计资料,分别计算了英国伦敦、俄国彼得堡、德国柏林和全法国10年间的男婴出生概率,发现这个数值始终在51.16%上下浮动。但他利用巴黎从1745年到

拉普拉斯

1784 年间的资料, 却算出巴黎的男婴出生概率约为 51.02%, 两者相差 0.14%。

拉普拉斯认为, 之所以出现了这个微小的差异, 一定是巴黎地区有自然规律以外的原因。他经过深入调查, 果然查出了原因。原来, 当时的巴黎人"重女轻男", 常常抛弃男婴, 所以歪曲了婴儿出生率的真相。根据经过修正后的资料, 拉普拉斯发现, 巴黎的男婴出生概率也稳定在 51.16% 左右。

拉普拉斯的故事雄辩地证明, 在纷纭繁杂的大量偶然现象背后, 隐藏着必然的规律。利用这些规律为人类服务, 正是概率论的任务。

随着概率论的发展, 它渐渐在科学技术、国民经济的许多领域获得了广泛的应用。现在, 人们预测事件发生, 确定实验方案、检验产品质量、判断结论的可靠性时, 都已离不开概率论的帮助。许许多多的现代数学分支, 如信息论、控制论等, 也无一不以概率论为基础。

概率论是一门十分庞大而又十分活跃的数学分支。

橡皮几何学

濒临蓝色的波罗的海,有一座古老而美丽的城市,叫作哥尼斯堡(今俄罗斯加里宁格勒)。

普莱格尔河的两条支流在这里汇合,然后横贯全城,流入大海。河心有一个小岛。河水把城市分成了 4 块,于是,人们建造了 7 座各具特色的桥,把哥尼斯堡连成一体。

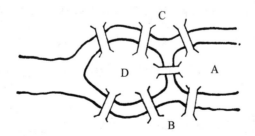

哥尼斯堡七桥问题

一天又一天,7 座桥上走过了无数的行人。不知从什么时候起,脚下的桥梁触发了人们的灵感,一个有趣的问题在居民中传开了:

谁能够一次走遍所有的7座桥,而且每座桥都只通过一次?

这个问题似乎不难,谁都乐意用它来测试一下自己的智力。可是,谁也没有找到一条这样的路线。连以博学著称的大学教授们,也感到一筹莫展。"七桥问题"难住了哥尼斯堡的所有居民。哥尼斯堡也因"七桥问题"而出了名。

"哥尼斯堡七桥问题"传开后,引起了著名数学家欧拉的兴趣。

欧拉没有去过哥尼斯堡,这一次,他也没有去亲自测试可能的路线。他知道,如果沿着所有可能的路线都走一

谁都乐意用它测试智力

次的话,一共要走5040次。就算是一天走一次,也需要13年多的时间,实际上,欧拉只用了几天的时间就解决了"七桥问题"。

剖析一下欧拉的解法是饶有趣味的。

第一步,欧拉把七桥问题抽象成一个合适的"数学模型"。他想:两岸的陆地与河中的小岛,都是桥梁的连接点,它们的大小、形状均与问题本身无关。因此,不妨把它们看作是4个点。

7座桥是7条必须经过的路线,它们的长短、曲直,也与问题本身无关。因此,不妨任意画7条线来表示它们。

就这样,欧拉将七桥问题抽象成了

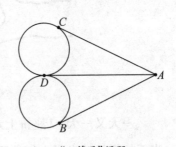

"一笔画"问题

一个"一笔画"问题。怎样不重复地通过7座桥,变成了怎样不重复地画出右边那个几何图形。

原先,人们是要求找出一条不重复的路线,欧拉想,成千上万的人都失败了,这样的路线也许是根本不存在的。如果根本不存在,硬要去寻找它岂不是白费力气! 于是,欧拉接下来着手判断:这种不重复的路线究竟存在不存在? 由于这么改变了一下提问的角度,欧拉抓住了问题的实质。

最后,欧拉认真考察了"一笔画"图形的结构特征。

欧拉发现,凡是能用一笔画出的图形,都有这样一个特点:每当你用笔画一条线进入中间的一个点时,你还必须画一条线离开这个点。否则,整个图形就不可能用一笔画出。也就是说,单独考察图中的任何一个点(除起点和终点外),它都应该与偶数条线相连;如果起点与终点重合,那么,连这个点也应该与偶数条线相连。

在七桥问题的图中,A、B、C 三点分别与3条线相连,D 点与5条线相连。连线都是奇数条。因此,欧拉断定:一笔画出这个图形是不可能的。也就是说,不重复地通过7座桥的路线是根本不存在的!

相传欧拉在解决了七桥问题之后,曾仿照它编了一个"十五桥问题"。有兴趣的读者不妨做做。

十五桥问题

七桥问题是一个几何问题,然而,它却是一个以前的几何学里没有研究过的几何问题。在以前的几何学里,不论怎样移动图形,它的大小和形状都是不变的;而欧拉在解决七桥问题时,把陆地变成了点,把桥梁变成了线,而且线段的长短曲直,交点的准确方位、面积、体积等概念,都变得没有意义了。不妨把七桥画成下面的形状,或者画成别的什么类似的形状,照样可以得出与欧拉一样的结论。

很清楚,图中什么都可以变,唯独点线之间的相关位置,或相互连接的情况不能变。欧拉认为对这类问题的研究,属于一门新的几何学分支,他称之为"位置几何学"。但人们把它通俗地叫作"橡皮几何学"。后来,这门数学分支被正式命名为"拓扑学"。

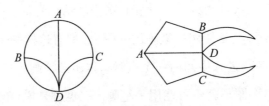

七桥问题的各种示意图

拓扑学中有许多非常奇妙的结论。取一张小纸条,将纸条的一端扭转180°,再与纸条的另一端粘合起来,就做成了一个"牟比乌斯带"。别看这个小纸条制作起来挺简单,却奇特得叫人不可思议。

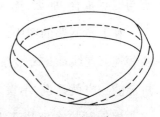

牟比乌斯带

例如,放一只蚂蚁到纸带上,让它沿着图中的虚线一直往前爬,那么,这只蚂蚁就可以一直爬遍纸带的两个面。即使沿虚线将牟比乌斯带剪开,它也不会断开,仅仅只是长度增加了1倍而已。

"走迷宫"是一种非常有趣的数学游戏,实际上,它是拓扑学里一种很简单的封闭曲线。法国数学家约当指出:要判断一个点在迷宫的内部还是外部,有一种很巧妙的方法。这就是:先在迷宫的最外面

欧拉

找一点,用直线将这两个点连接起来,然后再考察直线与封闭曲线相交的次数。如果相交次数是奇数,则已知点在迷宫的内部,从这里是走不出迷宫的;反之则一定能走出迷宫。试试看,从图中的已知点出发,能够走出这些迷宫吗?

走迷宫

在欧拉之后,人们又陆续发现了一些拓扑学定理。但这些知识都很零碎,直到19世纪的最后几年里,法国数学家庞加莱开始系统地研究拓扑学,才奠定了这门数学分支的基础。

现在,拓扑学已成为20世纪最丰富多彩的一门数学分支。

笔尖上的星球

　　远在四五千年前，人类就已知道太阳系里有 5 颗大行星：金星、木星、水星、火星和土星。这些星星都是用肉眼发现的。它们看上去比一般的星星大，又会移动，只要长时间地观察星空，就不难发现它们的踪迹。

　　1781 年，人们又发现了一颗大行星。这颗大行星离地球很远，用肉眼是看不见的，英国人赫歇尔给望远镜换上了能放大 270 倍的望远镜头，才在茫茫太空中找到了它。起初，赫歇尔还以为它是一颗没有尾巴的彗星呢。这颗新发现的大行星就是天王星。

　　行星就是环绕太阳运动的天体，它们有确定的运行轨道。以前发现的行星都有确定的轨道，天王星也应该有一个确定的轨道。可是，当人们依据某一段时间的观测资料计算时，会得出一种天王星运行轨道，而依据另一段时间的观测资料计算时，又会得出另一种天王星运行轨道。最有趣的是，无论你依据哪种过去的资料计算，天王星都会故意跟你捣蛋,它东歪一下,西斜一下,不老老实实按你算出的轨道运行。

天文学家反复检查了自己的计算,益发感到困惑不解,因为他们依据的资料都是准确可靠的,计算过程也都是正确无误的!这是怎么一回事呢?

渐渐地,天王星的轨道成了19世纪天文学中一个著名的"谜"。

1841年,英国剑桥大学数学系有个叫亚当斯的学生,也对天王星轨道之谜发生了兴趣。他从前人失败的教训中,萌发出一个大胆的猜测,认为可能有一颗尚未发现的大行星,在"拉扯"天王星,使它偏离人们算出的运行轨道。这样,只要弄清了那颗新行星的位置,就能准确地算出天王星的受力情况,反过来又能确定那颗新行星所在的位置。

亚当斯信心十足,立即从天文台借来大量的观测资料,着手证实他的猜测。经过两年多的努力,亚当斯于1843年10月21日完成了计算,并把计算结果呈送著名的格林尼治天文台。

亚当斯的研究成果没能引起天文台的重视。以前发现的星星,不是用肉眼看到的,就是用望远镜看到的,从未听说过哪颗星星是用笔算出来的。人们信奉眼见为实,随手把亚当斯的研究成果扔进了资料柜。

1845年,法国数学家勒威耶受巴黎天文台的委托,重新计算天王星的运行轨道。他并不知道亚当斯的工作,却和亚当斯产生了同样的想法,做了类似的计算。后来发现,他们两人预言的新行星位置,在角度上仅仅相差1°,真是英雄所见略同。

1846年9月23日晚，柏林天文台按照勒威耶的提示，果然在天王星外面发现了这颗新行星。

这颗新行星就是海王星。由于发现海王星有这么一段有趣的经历，所以人们常称之为"笔尖上的星球"。

勒威耶和亚当斯怎么能够"算"出一颗大行星来呢？原来，他们运用一种有效的数学方法，在大量观测资料的基础上，将天体运行的现象归结为一种特殊的方程，从而准确地把握了天体的运行规律。

笔尖上的星球

这种特殊的方程叫作"微分方程"，是一种含有未知函数的导数或微分的方程。许多物理学中的定律，都可以用微分方程的形式表示出来。与它相比，中小学课本里介绍的所有方程，都是一些非常简单的方程。

微分方程也是一门数学分支的名称。它产生于17世纪，与微积分的出现很难说出个谁先谁后来。

这门数学分支的应用极为广泛，不仅在现代数学的许多领域，如泛函分析、运筹学等，能找到微分方程的用武之地；在其他的科学技术领域，如宇航技术、物理探矿技术、化学流体力学等，也都是微分方程大显身手的地方。

稀奇古怪的三角形

在纸上画三角形，无论是怎样画，把三角形里面的 3 个角加起来，都会等于 180°。即使是画上 100 个、1000 个，也绝对不会有一个例外。有谁不信的话，不妨动手画上 1 万个，再用量角器去量一量。

那么，能不能找到一种三角形，它的内角和不等于 180°呢？

在 200 年前，如果有谁提出了这样一个问题，准会有人对他嗤之以鼻："哼，这也用问？三角形的内角和等于 180°，这是几何书中的一个定理！"

定理就是经过逻辑推理证明是正确的数学结论。如果有谁不信"邪"，仍要问一声："这个定理就一定那么可靠吗？"那么，人们就会搬来经典著作《几何原本》，翻开头几页，指着"第五公设"对他说："瞧，这个定理的正确性可以由它来保证。"

公设也就是公理，是一些最基本的数学结论，它们的正确性经过了实践的反复证明，是不证自明的。不朽名著《几何原本》中的全部定理，都建立在 10 个公理的基础上。有谁敢怀疑"三角形的内角和等于 180°"这个定理，也就等于是怀疑第五公设有问题。如果连公理也有问题，岂不是所有的几何定理都值得怀疑了吗？

第五公设也就是"平行公理"，它的意思是："在平面内，过已知直线外的一个点，可以作而且只能作一条直线与已知直线相平行。"试试看，过直线外的一个点，你能做出第二条平行线来吗？

既然有第五公设作保证，三角形的内角和看来也就只好都等于 180°了。

不过，数学家们对这个"第五公设"是不大满意的。这倒不是怀疑它有什么错误，而是觉得它不像其他的公理那样一目了然，很像是一个定理，于是试图用其他的 9 个公理把它证明出来，进而将它从公理的行列中赶出去。

《几何原本》问世后的 2000 多年里，数学家倾注了无穷无尽的智慧，始终也未能证明出第五公设。虽然有不少人曾宣称解决了这个问题，但一检查就发现，他们不是证明过程有错误，就是用一个更不明显的公理代替了第五公设。无可奈何之下，大数学家达朗贝尔称它是"几何学中的家丑"。

19 世纪初，有个叫鲍耶的匈牙利青年，决定献身于第五公设的研究。他父亲是个数学家，听到这个消息给吓坏了。尽管父子俩天天生活在一起，老鲍耶为了郑重其事，竟用笔给儿子写了一封劝告信。

鲍　耶

信中悲哀地说："希望你再不要做克服平行线理论的尝试，我深知一切方法都到了尽头。在这里面，我埋没了人生的一切光明和欢乐。这是一个毫无希望的黑夜，它能使上千座牛顿那样的灯塔沉没，任何时候都不可能使大地见到光明。"

鲍耶深知父亲的苦恼和失望，但他没有知难而退，义无返顾地闯进了这个"毫无希望的黑夜"。他很快就发现，只要改变第五公设，就可以创造出一种新的几何学来，于是提出了一个新的平行公理：

在平面内，过已知直线外的一个点，至少可以作两条直线与已知直线相平行。

这个新公理否定了平行线的唯一性。以它为基础，再加上原来的 9 个公理，就组成了一门新的几何学，叫双曲几何学。凡是与旧的平行公理有关的定理，在双曲几何学中统统变得面目全非，产生出许多闻所未闻的新结论。例如，在双曲几何学中，不存在矩形，也不存在相似三角形。最有趣的是，不同的三角形就有不同的内角和，而它们又都比 180°小！

能够作出一种三角形，使它的内角和小于 180°？对于习惯在传统几何的框框里生活的人来说，这不啻是个"荒诞无稽"的海外奇谈。连老鲍耶也无法理解儿子的创造，断然拒绝了帮助发表的请求，直到 1832 年，由于儿子的再三请求，老鲍耶才勉强同意将它作为一个附录，随同自己的著作一起出版。

老鲍耶与"数学王子"高斯是大学时代的同窗好友，他把"附录"的清样寄给高斯，想听听这位数学权威的意见。1832 年 3 月，高斯在回信中热情称赞小鲍耶"有极高的天才",但同时又说,他不便公开赞许,因为称赞鲍耶就等于称赞他自己。

原来,在此之前16年,高斯就已做出了同样的发现。但他小心翼翼地隐藏了自己的研究,唯恐这种新几何学在直观上的"荒诞无稽"而遭人耻笑。

捍卫真理是需要勇气的。

早在鲍耶著作发表之前6年,在遥远的俄罗斯大地上,已经有位叫罗巴切夫斯基的勇士,率先亮出了这门新几何学的旗帜。

罗巴切夫斯基

罗巴切夫斯基是一个伟大的俄国数学家。他独立地做出了同样的发现,并为捍卫新几何学战斗了一生。当时,数学家们不理解他,认为内角和小于180°的三角形是一个"笑话",有人嘲笑他是"对有学问的数学家的讽刺"。而一些仇视革命思想的人,更是趁机对他进行恶毒的攻击和下流的谩骂。这一切都没能使罗巴切夫斯基退却,他接二连三地发表数学著作,甚至当他已成为一个盲眼老人时,仍然念念不忘口授创作了一部《泛几何学》,为这门新几何学在数学王国里取得合理的地位而大声疾呼。由于罗巴切夫斯基最先昭示了新几何学的诞生,所以双曲几何学又叫罗氏几何学。

罗巴切夫斯基、鲍耶和高斯,用他们创造性的工作,动摇了"只能有一种可能的几何"的传统观念,为创造不同体系的几何开辟了道路。1854年,就在人们仍在抱怨罗氏几何学"不可思议"时,高斯的学生黎曼,又给几何王国增添了一种新的几何学。

黎曼提出了另一种新的平行公理:

> 在平面上,过已知直线外的一个点,不能作直线与已知
> 直线相平行。

这个新公理干脆否定了平行线的存在
性。以它为基础,再加上原来的 9 个公理,
就组成了椭圆几何学,也叫黎曼几何学。

在这种新的几何学里,三角形的内角和
等于多少度呢? 有趣得很,它既不等于 180°,
也不小于 180°,而是大于 180°。

黎 曼

黎曼几何学中还有许多奇妙的结论,例
如:"直线的长是有限的,但却无止境。"要弄懂这些理论非常困难,据
说,当黎曼第一次宣读这方面的论文时,除了高斯以外,会场上竟找
不出第二个能够听懂的人。

罗氏几何学与黎曼几何学都是"纯粹人造的"几何学,与人们的
常识相悖,乍看起来都显得非常不可思议。实际上,它们比传统的几
何学更加深刻地反映了现实世界的空间形式。举一个最著名的例子:
爱因斯坦创立的广义相对论,就是以黎曼几何学的空间概念为基础
的! 根据相对论学说,现实空间会发生弯曲,到处是新几何学的用武
之地。

相传高斯做过一次有趣的实验,他把相距很远的 3 座山峰,看作
是三角形的 3 个顶点,然后计算它的内角和,发现它竟大于 180°。这

正是黎曼几何学的结论。也许有人会说："这不是一个三角形。因为它不在一个平面上,而是在地球这个曲面上!"那么,哪里去找平面呢?运动场是平面吗?池塘水面是平面吗?它们都是地球这个曲面的一部分。这样,又上哪里去找平面上的三角形呢?如果没有三角形,怎么会有内角和等于180°呢?

罗氏几何学与黎曼几何学更精确地反映了现实空间,但是,在我们的日常生活里,传统几何学已经足够精确了。在我们的视野范围内,水平面是非常接近于平面的。实际上,我们也根本无法测出它的弯曲度。这样,测量水面上一个三角形的内角和,虽然它实际上并不等于180°,我们却无法测出它与真值之间的误差。所以,在我们身边这个不大不小的空间里,传统的几何学仍然是适用的。

因此,在纸上画三角形,无论是怎样画,把它的3个内角加起来,都会等于180°。但我们也应当知道,在数学王国里,确实还有一些"稀奇古怪"的三角形,它的内角和是不等于180°的。

爱吹牛的理发师

20世纪初,著名英国哲学家、数学家罗素编了一个很有趣的"笑话"。

小镇上有个爱吹牛的理发师。有一天,理发师夸下海口说:"我给镇上所有不自己刮胡子的人刮胡子,而且只给这样的人刮胡子。"

爱吹牛的理发师

少儿科普名人名著书系

大家听了直发笑。有人问他："理发师先生，您给不给自己刮胡子呢？"

"这，这，……"理发师张口结舌，半晌说不出一句话来。

原来，这个爱吹牛的理发师，已经陷入自相矛盾的窘境。如果他给自己刮胡子，那就不符合他声明的前一半，这样，他就不应当给自己刮胡子；但是，如果他不给自己刮胡子，那又不符合他声明的后一半，所以，他又应当给自己刮胡子。无论刮不刮，横竖都不对。

像理发师这样在逻辑上自相矛盾的言论，叫作"悖论"。罗素编的这则笑话，就是数学史上著名的"理发师悖论"。

理发师的狼狈相是很好笑的，可是，数学家听了却笑不起来，因为他们自己也像那个爱吹牛的理发师一样，陷入了自相矛盾的尴尬境地。

实际上，20世纪初期的数学家们，比那个爱吹牛的理发师更狼狈。理发师只要撤销原来的声明，厚起脸皮哈哈一笑，什么事情都没有了；数学家可没有他那样幸运，因为他们遇上了一个无法回避的数学悖论，如果撤销原来的"声明"，那么，现代数学中大部分有价值的知识，也都荡然无存了。

这个数学悖论也是罗素提出来的。1902年，罗素从已被人们公认为数学基础理论的集合论中，按照数学家们通用的逻辑方法，"严格"地构造出了这个数学悖论。把它通俗化就是理发师悖论。

集合论是19世纪末发展起来的一种数学

罗　素

理论,它已迅速深入到数学的每一个角落,直至中学数学课本。它极大地改变了整个数学的面貌。正当数学家们刚刚把数学奠立在集合论的基础上时,罗素悖论出现了,它用无可辩驳的事实指出,谁赞成集合论,谁将变成一个"爱吹牛的理发师",从而陷入自相矛盾的窘境。数学家们尴尬万分,如果继续承认集合论,那么,号称绝对严密的数学,就会因为罗素悖论这样的怪物而不能自圆其说;如果不承认集合论,那么,许许多多重要的数学发明也就不复存在了。

罗素悖论震撼了世界数学界,导致了第三次数学危机。人们已经发现,在数学这座辉煌大厦的基础部分,存在着一条巨大的裂缝,如不加以修补,整座大厦随时都有倒塌的危险。

数学家们勇敢地接受了挑战。他们认真考察了产生罗素悖论的原因。原来,之所以出现罗素悖论这样的怪物,是由于在集合论中,"集合的集合"这句话不能随便说。于是,数学家们开始探索数学结论在什么情况下才具有真理性,数学推理在什么情况下才是有效的……从而产生了一门新的数学分支——数学基础论。

在这个领域里,由于数学家的观点不同,产生了3个著名的学派。以罗素为主要代表的数学家叫逻辑主义学派,以布劳威尔为主要代表的数学家叫直觉主义学派,以希尔伯特为主要代表的数学家叫形式主义学派。三大学派都提出了修补数学基础的方案,由于各执己见,爆发了一场大论战。这场大论战对现代数学发展影响深远,还导致了许多新的数学分支的诞生。

现在,修补数学基础的工作尚未取得令人完全满意的结果,数学家们仍在奋力拼搏。

六大数学难题 →

三等分角问题

只准用直尺和圆规,你能将一个任意的角两等分吗?

这是一个很简单的几何作图题。几千年前,数学家们就已掌握了它的作图方法。

如图所示,在纸上任意画一个角,以这个角的顶点 O 为圆心,任意选一个长度为半径画弧,找出这段弧与两条边的交点 A、B。

用尺规两等分角

然后,分别以 A 点和 B 点为圆心,以同一个半径画弧,只要选用的半径比 A、B 之间的距离的一半还大些,这两段弧就会相交。找出这两段弧的交点 C。

最后,用直尺将 O 点与 C 点连接起来。不难验证,直线 OC 已经将这个任意角分成了相等的两部分。

显然,采用同样的方法,是不难将一个任意角 4 等分、8 等分或者 16 等分的;只要有耐心,将一个任意角 512 等分或者 1024 等分,也都

阿基米德

不会是一件太难的事情。

那么,只准用直尺与圆规,能不能将一个任意角三等分呢?

这个题目看上去也很容易,似乎与两等分角问题差不多。所以,在 2000 多年前,当古希腊人见到这个题目时,有不少人甚至不假思索就拿起了直尺与圆规……

一天过去了,一年过去了,人们磨秃了无数支笔,始终也画不出一个符合题意的图形来!

由二等分到三等分,难道仅仅由于这么一点小小的变化,一个平淡无奇的几何作图题,就变成了一座高深莫测的数学迷宫?

这个题目吸引了许多数学家。公元前 3 世纪时,古希腊最伟大的数学家阿基米德,也曾拿起直尺与圆规,用这个题目测试过自己的智力。

阿基米德想出了一个办法。他预先在直尺上记一点 P,令直尺的一个端点为 C。对于任意画的一个角,他以这个角的顶点 O 为圆心,以 CP 的长度为半径画半个圆,使这半个圆与角的两条边相交于 A、B 两点(图 1)。

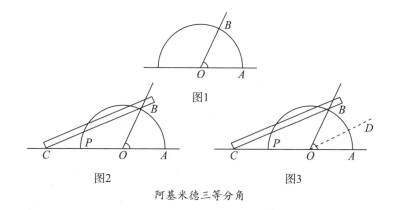

图1

图2   图3

阿基米德三等分角

然后,阿基米德移动直尺,使 C 点在 AO 的延长线上移动,使 P 点在圆周上移动。当直尺正好通过 B 点时停止移动,将 C、P、B 三点连接起来(图 2)。

接下来,阿基米德将直尺沿直线 CPB 平行移动,使 C 点正好移动到 O 点,作直线 OD(图 3)。

可以检验,∠AOD 正好是原来的角∠AOB 的 1/3。也就是说,阿基米德已经将一个任意角分成了三等份。

但是,人们不承认阿基米德解决了三等分角问题。

为什么不承认呢?理由很简单:阿基米德预先在直尺上做了一个记号 P,使直尺实际上具备有刻度的功能。这是一个不能容许的"犯规"动作。因为古希腊人规定:在尺规作图法中,直尺上不能有任何刻度,而且直尺与圆规都只准许使用有限次。

阿基米德失败了。但他的解法表明,仅仅在直尺上做一个记号,马上就可以走出这座数学迷宫。数学家们想:能不能先不在直尺上做记号,而在实际作图的过程中,逐步把这个点给找出来呢……

古希腊数学家全都失败了。2000 多年来,这个问题困扰了一代又一代的数学家,成为一个举世闻名的数学难题。笛卡儿、牛顿等许许多多最优秀的数学家,也都曾拿起直尺圆规,用这个难题测试过自己的智力……

无数的人全都失败了。2000 多年里,从初学几何的少年到天才的数学大师,谁也不能只用直尺和圆规将一个任意角三等分!

一次接一次的失败,使得后来的人们变得审慎起来。渐渐地,人们心中生发出一个巨大的问号:三等分一个任意角,是不是一定能用

无数的人全都失败了

直尺与圆规作出来呢？如果这个题目根本无法由尺规作出，硬要用直尺与圆规去尝试，岂不是白费气力？

以后，数学家们开始了新的探索。因为，谁要是能从理论上予以证明：三等分任意角是无法由尺规作出的，那么，谁也就解决了这个著名的数学难题。

1837年，数学家们终于赢得了胜利。法国数学家旺策尔宣布：只准许使用直尺与圆规，想三等分一个任意角是根本不可能的！

这样，他率先走出了这座困惑了无数人的数学迷宫，了结了这桩长达2000多年的数学悬案。

立方倍积问题

爱琴海上有座岛屿叫提洛。关于这座岛,流传着一个悲惨的故事。

相传有一年,一场瘟疫凭空降临到提洛岛上,短短几天的时间里,就夺去了岛上许多人的生命。幸存的人们吓得战战兢兢,纷纷躲进神庙,祈求神灵保佑。

神没有理会人们的祈祷。一连许多天过去了,瘟疫仍在蔓延。岛上的居民益发惊恐万分,他们不知道是什么事情触怒了神灵,于是日夜匍匐在神庙的祭坛前。后来,巫师传达了神的旨意。神说:"提洛人要想活命,就必须把庙中的祭坛加大1倍,并且不准改变祭坛原来的形状。"

神庙中的祭坛是个立方体,提洛人赶紧量好尺寸,连夜动工,制作了一个新祭坛送往庙中。他们把祭坛的长、宽、高都加大了1倍,以为这样就满足了神的要求。

可是,瘟疫非但没有停止,反而更加疯狂地蔓延开来。幸存的提洛人再次匍匐在祭坛前，他们心中充满了疑惑："我们已经把祭坛加大了1倍，为什么灾难仍未结束呢？"巫师冷冷回答说："不，你们没有满足神的要求。你们把祭坛加大了8倍！"

你们把祭坛加大了8倍

不准改变立方体的形状，又只准加大1倍的体积，这真是一个令人头痛的问题。提洛人商量来、商量去，仍然解决不了这个问题，于是派人到首都雅典去，向当时最有学问的大学者柏拉图请教。

柏拉图也解决不了这个问题。他搪塞地说："神降下这场灾难，大概是不满意你们不敬重几何学吧。"

这当然是一个虚构的故事。不过，故事中提到的那个数学问题，却是一个举世闻名的几何作图难题，叫作立方倍积问题。

作出这个立方体的关键是什么呢？如果设原立方体的边长为a，它的体积就是a^3；设新立方体的边长为x，它的体积就是x^3。因为新立方体的体积必须是原立方体的 2 倍，所以有

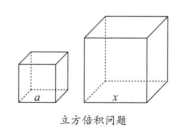

立方倍积问题

$x^3=2a^3$，由此可得$x=\sqrt[3]{2}a$。也就是说，新立方体的边长必须是原立方体边长的$\sqrt[3]{2}$倍。

这样，要作出符合题意的立方体，关键就在于作出它的边长；而

要作出新立方体的边长，关键又在于能不能作出一条像 a 的 $\sqrt[3]{2}$ 倍那样长的线段！

用一根标有刻度的直尺，要作出一条这样的线段是非常容易的。如果借助其他的工具，要作出一条这样的线段也不难。公元前 3 世纪时，有一位叫埃拉托色尼的古希腊数学家，就曾凭借 3 个相等的矩形框架，在上面画上相应的对角线，顺利地解决了立方倍积问题。另外，古希腊的欧多克斯、希波克拉底，荷兰的惠更斯，英国的牛顿，都曾发明过一些巧妙的方法，圆满地解决过立方倍积问题。但是，如果限制用尺规作图法解决，这些天才的大师们却无一不束手无策，狼狈地败下阵来。

与三等分角问题一样，立方倍积问题也让数学家们苦苦思索了 2000 多年，直到 19 世纪才得到解决。

1837 年，那位最先解决了三等分角问题的数学家旺策尔，又最先从理论上给予证明：只使用直尺和圆规，想解决立方倍积问题也是根本不可能的。

旺策尔的证明过程不够清晰简单，所以，有人不理会他"此路不通"的警告，继续尝试用尺规去作出一个符合题意的立方体。后来，德国数学家克莱因给出了一个简单清晰而又无懈可击的证明。从那以后，数学家们就不再尝试用尺规作图法去解决立方倍积问题了。

数学家华罗庚的看法是，"上月球"是个"未解决"的问题，"步行上月球"是个"不可能"的问题。取消"步行"的限制，这个"不可能"问题才可变成"未解决"问题。试图不改变条件而解决已被证明不可能的数学问题，是徒劳的。

化圆为方问题

古希腊数学家苛刻地限制几何作图工具,规定画几何图形时,只准许使用直尺和圆规,于是,从一些本来很简单的几何作图题中,产生了一批著名的数学难题。除了前面讲过的三等分角问题和立方倍积问题之外,还有一个举世闻名的几何作图难题,叫作化圆为方问题。

据说,最先研究这个问题的人,是一个叫阿那克萨哥拉的古希腊学者。

阿那克萨哥拉生活在公元前5世纪,对数学和哲学都有一定的贡献。有一次,他对别人说:"太阳并不是一尊神,而是一个像希腊那样大的火球。"结果被他的仇人抓住把柄,说他亵(xiè)渎(dú)神灵,给抓进了牢房。

为了打发寂寞无聊的铁窗生涯,阿那克萨哥拉专心致志地思考过这样一个数学问题:怎样作出一个正方形,才能使它的面积与某个已知圆的面积相等? 这就是化圆为方问题。

当然，阿那克萨哥拉没能解决这个问题。但他也不必为此感到羞愧，因为在他以后的2400多年里，许许多多比他更加优秀的数学家，也都未能解决这个问题。

有人说，在西方数学史上，几乎每一个称得上是数学家的人，都曾被化圆为方问题所吸引过。几乎在每一年里，都有数学家欣喜若狂地宣称：我解决了化圆为方问题！可是不久，人们就发现，在他们的作图过程中，不是在这里就是在那里有着一点小小的，但却是无法改正的错误，随之爆发出一阵阵善意的笑声。

化圆为方问题看上去这样容易，却使那么多的数学家都束手无策，真是不可思议！

在狱中研究化圆为方

年复一年，有关化圆为方的论文雪片似地飞向各国的科学院，多得叫科学家们无法审读。1775年，法国巴黎科学院还专门召开了一次会议，讨论这些论文给科学院正常工作造成的"麻烦"，会议通过了一项决议，决定不再审读有关化圆为方问题的论文。

然而，审读也罢，不审读也罢，化圆为方问题以其特有的魅力，依旧吸引着成千上万的人。它不仅吸引了众多的数学家，也让众多的数学爱好者为之神魂颠倒。15世纪时，连欧洲最著名的艺术大师达·芬奇，也曾拿起直尺与圆规，尝试解答过这个问题。

达·芬奇的作图方法很有趣。他首先动手做一个圆柱体，让这个圆柱体的高恰好等于底面圆半径 r 的一半，底面那个圆的面积是 πr^2。然后，达·芬奇将这个圆柱体在纸上滚动一周，在纸上得到一个矩形，这个矩形的长是 $2\pi r$，宽是 $r/2$，面积是 πr^2，正好等于圆柱底面圆的面积。

经过上面这一步，达·芬奇已经将圆"化"为一个矩形，接下来，只要再将这个矩形改画成一个与它面积相等的正方形，就可以达到"化圆为方"的目的。

达·芬奇解决了化圆为方问题吗？没有，因为他除了使用直尺

达·芬奇与化圆为方

和圆规之外，还让一个圆柱体在纸上滚来滚去。在尺规作图法中，这显然是一个不能容许的"犯规"动作。

与其他的两个几何作图难题一样，化圆为方问题也不能由尺规作图法完成。这个结论是德国数学家林德曼于 1882 年宣布的。

林德曼是怎样得出这样一个结论的呢？说起来，还与大家熟悉的圆周率 π 有关呢。

假设已知圆的半径为 r，它的面积就是 πr^2；如果要作的那个正方形边长是 x，它的面积就是 x^2。要使这两个图形的面积相等，必须有

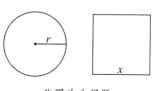

化圆为方问题

$$x^2 = \pi r^2,$$

即　$x = \sqrt{\pi} r$。

于是,能不能化圆为方,就归结为能不能用尺规作出一条像$\sqrt{\pi} r$那样长的线段来。

数学家们已经证明:如果$\sqrt{\pi}$是一个有理数,像$\sqrt{\pi} r$这样长的线段肯定能由尺规作图法画出来;如果π是一个"超越数",那么,这样的线段就肯定不能由尺规作图法画出来。

林德曼的伟大功绩,恰恰就在于他最先证明了π是一个超越数,从而最先确认了化圆为方问题是不能由尺规作图法解决的。

三大几何作图难题让人类苦苦思索了2000多年,研究这些数学难题有什么意义呢?

有人说,如果把数学比作是一块瓜田,那么,一个数学难题,就像是瓜叶下偶尔显露出来的一节瓜藤,它的周围都被瓜叶遮盖了,不知道还有多长的藤,也不知道还有多少颗瓜。但是,抓住了这节瓜藤,就有可能拽出更长的藤,拽出一连串的数学成果来。

数学难题的本身,往往并没有什么了不起。但是,要想解决它,就必须发明更普遍、更强有力的数学方法来,于是推动着人们去寻觅新的数学手段。例如,通过深入研究三大几何作图难题,开创了对圆锥曲线的研究,发现了尺规作图的判别准则,后来又有代数数论和群论的方程论若干部分的发展,这些,都对数学发展产生了巨大的影响。

四色猜想

关于四色猜想,有一个很有趣的小故事。

19 世纪末期,有一位很著名的数学家叫闵可夫斯基。一天,他刚走进教室,一个学生就递上一张小纸条。小纸条上写着:"如果把地图上有共同边界的国家都涂成不同的颜色,那么,画一幅地图只用 4 种颜色就够了。您能解释其中的道理吗?"

闵可夫斯基笑了笑,对学生们说:"这个问题叫作四色猜想,是一个著名的数学难题。其实,它之所以一直没有得到解决,那仅仅是由于没有第一流的数学家来解决它。"说完拿起粉笔,要当堂解决这个问题。

下课的铃声响了,闵可夫斯基没能当堂解决这个问题,于是下一节课又去解答。一连好几天,他都未能解决这个问题,弄得进退两难,十分尴尬。

有一天上课时,闵可夫斯基刚跨进教室,忽然雷声大作,震耳欲聋,他赶紧抓住机会,自嘲地说:"瞧,上帝在责备我狂妄自大呢。我解决不了这个问题。"

闵可夫斯基确实够"狂妄自大"了。别看谁都能弄懂四色猜想的意思,可要解决它,并不比攀登珠穆朗玛峰容易多少。

相传,四色猜想最初是由一个叫格斯里的英国绘图员提出来的。

瞧,上帝在责备我狂妄自大呢

1852年,格斯里在绘制英国地图时发现,如果给相邻的地区涂上不同的颜色,那么,只用4种颜色就足够了。他把这个发现告诉给正在大学里念书的弟弟,希望能解释一下其中的道理。弟弟认真研究了这个问题,结果,他既不能证明哥哥的结论是正确的,又不能否定这个结论,于是就向老师、英国著名数学家德·摩根请教。

德·摩根也解释不出其中的道理,写信将这个问题告诉给另一位大数学家哈密顿。德·摩根认为,像哈密顿那样聪明的人,一定很快就能给予证明的……

四色猜想一直未能得到解决。1878年，当时英国最有名的数学家凯莱，正式向伦敦数学会提出了这个问题，这才引起数学界的重视。

事情的进展颇具戏剧性。不到一年，一个叫肯普的律师就提出了一篇论文，声称他已经证明了四色猜想。人们以为这件事情就此完结了。谁知到了1890年，数学家希伍德却在肯普的文章里找出了一处错误，指出他的证明实际上是不能成立的。

希伍德乘胜前进，证明了地图着色的"五色定理"。也就是说，如果给相邻的地区涂上不同的颜色，那么，画一幅地图只用5种颜色就行了。

可是，绘制一幅地图明明只要4种颜色就足够了呀？越来越多的数学家投身于证明四色猜想的工作，但却一无所获。人们这才意识到，这个看上去极其简单的题目，实际上是一道与哥德巴赫猜想一样的超级数学难题。

进入20世纪后，证明四色猜想的工作逐渐取得了进展。1939年，美国数学家富兰克林证明：对于22国以下的地图，可以只用4种颜色着色。1950年，有人得出证明：对于35国以下的地图，可以只用4种颜色着色。1968年，有人得出证明：对于39国以下的地图，可以只用4种颜色着色。1975年，又有人得出证明：对于52国以下的地图，也可以只用4种颜色着色。

为什么进展这样缓慢呢？一个主要的困难，就是数学家们提出的检验方法太复杂，难以实现。早在1950年，就有人猜测说，如果要把情况分细到可以完成证明的地步，大约要分1000多种情况才行。这样的工作量太繁重了。

电子计算机问世以后，人类的计算能力得到了极大的提高。事情出现了一线转机。可是，在1970年，有人提出了一种证明四色猜想的方案，如果用当时最快的电子计算机来算，也得不停地工作10万个小时，差不多要11年。

11年！对于电子计算机来说，这个任务也太艰巨了。

谁知不到7年，1976年9月，《美国数学会通告》就宣布了一个震撼世界数学界的消息：美国数学家阿佩尔和哈肯，采用简化了的证明方案，将地图的四色猜想转化为1482个特殊图的四色猜想，利用IBM 360计算机工作了1200多个机器时，作了100亿个判断，终于证明了四色猜想是正确的。

从此，四色猜想变成了四色定理。

这是人类首次依靠电子计算机的帮助解决的著名数学难题。

人类靠机器"完成了人没有能够完成的事情"，由此带来了一系列的新问题：怎样检验阿佩尔和哈肯的证明呢？显然，这还得靠电子计算机。难道电子计算机就不会出现差错吗？……

有些数学家问：能不能给出一个简洁的手算证明？另一些数学家则反问：数学定理的证明一定要手算的证明才算是证明吗？

围绕着四色猜想的计算机解决，引出了许多重大的问题。有人说，它很可能成为数学思想发展史上一系列新想法的起点。

费马大定理

四色猜想通过计算机解决，极大地鼓舞了数学家的信心。他们希望凭借电子计算机这个现代最先进的计算工具，能够早日解决另一个著名的超级数学难题——"费马大定理"。

1979年，美国数学家大卫·曼福特宣布：在很大很大的整数范围内，"费马大定理"都是正确的。假如存在着使这个定理不能成立的整数，那么，这样的整数一定非常大，而且非常少。

大到什么程度呢？大卫·曼福特说，它不仅远远超过了现有大型电子计算机的计算能力，而且还远远超过了从长远来看能够设想的更先进的电子计算机的计算能力！

大卫·曼福特的结论可靠吗？目前还很难说。但有一点是可以肯定的，这就是，他并没有解决"费马大定理"。

"费马大定理"是怎么一回事呢？

其实，严格地说，"费马大定理"还不是一个定理，只能叫猜想。它是法国著名数学家费马提出的一个猜想。

费马是一个律师,担任过议会顾问,是一个著名的业余数学家。他凭借深刻的洞察能力和丰富的想象能力,提出了一系列重要的数学猜想和数学方法,为数学发展做出了杰出贡献。

费马自己不喜欢写书,但喜欢在别人的著作上提问题,谈心得。1637 年,他在一本古希腊数学著作的空白处,写下了这样一段话:"任何一个数的立方,不能分解成两个数的立方和;任何一个数的 4 次方,不能分解成两个数的 4 次方之和;一般来说,任何次幂,除平方以外,不可能分解成其他两个同次幂之和。"

这段话是什么意思呢?

对于 $x^n+y^n=z^n$ 这样的方程,当 $n=2$ 时,它是有非零整数解的。例如:$x=3,y=4,z=5$ 就是方程 $x^2+y^2=z^2$ 的一组解;$x=5,y=12,z=13$ 也是这个方程的一组解。但是,如果 $n=3$,方程 $x^3+y^3=z^3$ 就没有非零整数解;如果 $n=4$,方程 $x^4+y^4=z^4$ 也没有非零整数解……

费马猜测:只要 n 是比 2 大的自然数,方程 $x^n+y^n=z^n$ 就没有非零整数解。这就是著名的"费马大定理"。

在这段话的旁边,费马还写道:"我想出了这个断语的绝妙证明,遗憾的是,书上空白太小了,无法把它写出来。"

可是,谁也没有见过这个"绝妙证明"。费马死后,他儿子整理了他的全部遗稿和书信,始终没有找到那个"绝妙证明"。于是,这个猜想的正确与否,就成了一桩数学疑案。

这个问题吸引了许多著名数学家。例如勒贝格,这位实变函数论的重要奠基人,就曾潜心证明过"费马大定理"。

费马

数学奇观　149

有一回,勒贝格确信自己解决了这个问题,写信通知法国科学院。大家十分高兴,以为这个几百年前由法国人提出的数学难题,最终又由法国人自己解决了,赶紧组织一批数学家审查了勒贝格的论文。可是,人们在勒贝格的论文中发现了错误,指出他的证明是不能成立的。勒贝格拿着退回来的论文,很不甘心,喃喃说道:"我想,我这个错误是可以改正的。"但直到他去世,他也未能解决这个问题。

要证明"费马大定理"实在太难了。

不少科学院设置奖金鼓励人们去解决这道难题。1908 年,德国格丁根数学会宣布:谁最先证明了"费马大定理",就奖给谁 10 万马克。有效期 100 年,到 2007 年为止。

很快,欧洲各地掀起了一阵证明"费马大定理"的热潮。在很短的时间里,光德国的各种刊物上就刊登了近千种不同的证明。遗憾的是,这些证明都不是"绝妙证明"。

当然,献身于"费马大定理"研究的数学家们,不是为了去争夺 10 万马克的奖金。他们顽强地拼搏着,是为了显示人类智慧的强大威力,为了揭示隐藏在难题后面的数学真理。

随着现代科学技术的飞速发展,证明"费马大定理"的工作也不断取得进展。1984 年、1985 年,接连从联邦德国传出消息说,数学家们又取得了重大的突破!

距 2007 年只有短短的 20 年了。届时,"费马大定理"还是一个数学猜想吗?*

注:本文发表于 1987 年。英国数学家安德鲁·怀尔斯和他的学生理查·泰勒已于 1995 年成功地证明了费马大定理,并获得了 1998 年的菲尔兹特别奖。

哥德巴赫猜想

哥德巴赫猜想是个著名的超级数学难题。

什么叫猜想呢？在数学上，"猜想"可不是胡猜乱想，它是一些经过反复实践，用大量数据验证出其结果是正确的、但一直未能给予理论证明的数学命题。

费马大定理实际上长期是一个数学猜想；四色问题原先也是一个数学猜想，待到1976年，数学家用电子计算机证明它的正确性以后，它才变成一个定理，叫四色定理。至于哥德巴赫猜想，有人验证过，从4到9000000这个范围内，哥德巴赫猜想都是正确的；后来又有人验算到3.3亿，发现在这样大的范围内，哥德巴赫猜想也是正确的。但谁也不能够给出一个严格的数学证明，所以它仍然是一个数学猜想。

哥德巴赫是一个德国数学家，生于1690年，从1725年起当选为俄国彼得堡科学院院士。在彼得堡，哥德巴赫结识了著名数学家欧拉,两人书信交往达 30 多年。

在一封写给欧拉的信中,哥德巴赫写道:"任意一个奇数,例如 77,可以分解成 3 个质数的和:77=53+17+7;再任意取一个奇数 461,有 461=449+7+5,这 3 个数也都是质数,461 还可以分解为另外 3 个质数的和:257+199+5,如此等等。现在我对此已十分清楚:任意奇数都可以分解成 3 个质数之和。但是如何证明呢?"

这就是哥德巴赫猜想的原始陈述。

不久,哥德巴赫收到了欧拉的回信,信中说他也无法证明这个猜想,但认为这个猜想是完全正确的。欧拉还在信中敏锐地指出,这个猜想可以进一步叙述为:"从 4 开始,任意偶数都可以分解成 2 个质数的和。"

这就是数学家们迄今仍在努力证明的哥德巴赫猜想。也有人叫它"欧拉猜想"。

要举出一些例子来验证哥德巴赫猜想实在是太容易了,随手就可以写出一大串:

$$4=2+2 \qquad 6=3+3 \qquad 8=3+5$$
$$10=5+5 \qquad 12=5+7 \qquad 14=7+7$$
$$20=13+7 \quad 30=11+19 \quad 100=3+97$$
…… ……

但是,这样的例子举得再多,也不能把哥德巴赫猜想变成哥德巴赫定理。前面讲过,有人一直验算了 3.3 亿以内的所有偶数,发现哥德巴赫猜想都是正确的,可谁又能保证,对于比 3.3 亿还大的偶数,哥德巴赫猜想也一定正确呢?

人的有限生命不可能从头到尾验证一切偶数,这样,谁要想说哥德巴赫猜想是正确的,除了从理论上予以证明外,就没有别的途径可以选择了。

欧拉是18世纪最优秀的数学家,有人称誉说:"在数学上,18世纪是欧拉的世纪。"连欧拉这样大名鼎鼎的数学家也无法证明哥德巴赫猜想,这个问题的难度可想而知。在随后的100多年里,证明哥德巴赫猜想的工作实质上没有取得任何进展。

1920年,挪威数学家布朗证明了一个数学结论:每一个比2大的偶数都可以表示为(9+9)。这里,"9"是一个记号,它表示一种数,这种数可以分解成几个质数的乘积,而这些质数的个数不会超过 9;"9+9"就是两个这样的数相加的意思。

证明(9+9)有什么用呢? 布朗想,既然一下子证明不出哥德巴赫猜想,那么不妨步步为营,采取逐步缩小包围圈的办法来解决它。如果能从证明(9+9)开始,逐步减少每个数里所含质数因子的个数,直到最后使每个数里都是1个质数为止,这不就证明了哥德巴赫猜想吗?

布朗迈出了举足轻重的第一步。以后, 数学家们相继证明了(7+7)、(6+6)、(5+5)、(4+4),不断地朝着最终目标(1+1)前进。这里,"1"是一个记号,它表示一个质数;"1+1"的意思是两个质数的和。(1+1)用来表示哥德巴赫猜想。

令人高兴的是,在证明哥德巴赫猜想这场国际智力竞赛中,中国数学家取得了领先的地位。

早在1938年,著名数学家华罗庚就曾经证明:"几乎全体偶数都能表示为两个质数的和。"1956年,数学家王元证明了(3+4),第二年,

"你移动了群山"

他又证明了(2+3)。1962年,数学家潘承洞证明了(1+5),同年,他又和王元一起证明了(1+4)。

在苏联数学家维诺格拉多夫证明(1+3)后不到一年,1966年5月,中国数学家陈景润又更上一层楼,率先证明了(1+2)。

(1+2),这是目前世界上研究哥德巴赫猜想的最佳成果。

陈景润的论文于1973年发表后,在国际数学界引起了强烈反响。一位英国数学家写信给陈景润,称赞他"移动了群山"。

从(1+2)到(1+1),彻底证明哥德巴赫猜想的工作只剩下最后一步了。

数学名题趣谈 ⇒

唯独它没有答案

前面讲过,莱因特纸草书是世界上最古老的一本数学书。书中共有 85 个数学问题,其中,最有名的是第 79 题。

在书写这个题目的位置上,书中给出了 5 个数:7,49,343,2401,16807,然后在这些数的旁边,依次写着图、猫、老鼠、大麦、量器等字样。

这就是第 79 题的全文。

书中的其他题目都有解答,唯独这个题目没有给出答案。那么,这个题目究竟是什么意思呢?自莱因特纸草书出土后,人们猜测纷纷,提出了很多种假设,并争论了很长时间。后来,大家倾向于赞同著名数学史专家康托尔的看法。

康托尔认为这个题目的意思是:

"有 7 个人,每人养 7 只猫,每只猫吃 7 只老鼠,每只老鼠吃 7 棵麦穗,每棵麦穗可以长成 7 个量器的大麦。问:各有多少?"

经康托尔这么一解释,书中给出的那 5 个数,就正好成了题目的答案。

这5个数有一种很奇特的性质：排在后面的数都是它前面那个数的7倍。例如，第一个数7乘以7，就是第二个数49；49再乘以7，就是第三个数343……所以，只要依次乘以7，就可以算出这个题目的答案。

具有这样性质的一列数，在数学上叫作等比数列。莱因特纸草书上的第79题是世界上最古老的一个等比数列问题。

有趣的是，在莱因特纸草书出土之前600多年，有位叫斐波纳奇的意大利数学家，曾编了一道与第79题非常相似的数学题：

"7位老太太一起到罗马去，每人有7匹骡子，每匹骡子驮7个口袋，每个口袋盛7个面包，每个面包有7把小刀，每把小刀有7个刀鞘。问：各有多少？"

更有趣的是，比斐波纳奇还早几百年，中国古代书籍里也记载了一个很相似的题目：

"今有出门望有九隄（即堤），隄有九木，木有九枝，枝有九巢，巢有九禽，禽有九雏，雏有九毛，毛有九色。问：各几何？"

俄罗斯民间流传着一首歌谣，歌谣里唱道：

"路上走着7个老汉，每人手中拿着7根竹竿，每根竹竿上有7个枝丫，每个枝丫上挂着7只竹篮，每只竹篮里有7个竹笼，每个竹笼里有7只麻雀。总共有多少只麻雀？"

在不同的民族、不同的地区、不同的时间里，竟流传着同样一个数学问题，真可算是一桩数学奇观。

用砂粒填满宇宙

阿基米德是一个著名的解题能手，解决了许多著名的数学难题。而且，他有一种特殊的本领，能用最简单的方法解答最难的数学问题。对此，历史学家们做了生动的记载。一些人乍见阿基米德要解答的题目，往往会感到无从下手，可是，一旦他们见了阿基米德的解答，便会情不自禁地赞叹："竟有这等巧妙而简单的解法。我怎么就没有想出来呢？"下面这道"砂粒问题"就是一个著名的例子。

"如果用砂粒将整个宇宙空间都填满，一共需要多少砂粒？"

要解答这样的题目，首先要知道宇宙的大小。那时候，古希腊人认为宇宙是一个巨大的

填满宇宙要多少粒砂

天球,日月星辰如同宝石般镶嵌在天球的四周,而人类居住的地球呢,则正好处在天球的中央。

天球有多大呢?根据当时最流行的观点,天球的直径是地球直径的 10000 倍,而地球的周长是小于 30 万斯塔迪姆的(1 斯塔迪姆约等于 188 米)。

阿基米德为了使他的计算更能说服人,有意把这个数值扩大了 10 倍。他假设地球的周长小于 300 万斯塔迪姆,并由此算出宇宙的直径小于 100 亿斯塔迪姆。

那么,砂粒有多大呢?同样是为了增强说服力,阿基米德又有意将砂粒描绘得非常非常小。他假设 10000 颗砂粒才有 1 颗罂粟子那么大,而每 1 颗罂粟子的直径只有 1 英寸(英寸是英制长度单位,1 英寸约等于 2.54 厘米)的 1/40。

当时,古希腊的记数单位最大才到万,很难满足解答这个题目的需要,于是,阿基米德又将记数单位做了扩充,创造了一套表示大数的方法。他将 1 万叫作第一级单位,将 1 万的 1 万倍(即 1 亿)叫作第二级单位,将第二级单位的 1 亿倍叫作第三级单位,将第三级单位的 1 亿倍叫作第四级单位……像这样一直取到了第八级单位。

把这一切都安排妥帖后,阿基米德没有急于马上去计算填满宇宙的砂粒数,而是首先着手解决一个比较简单的问题:填满一个直径为 1 英寸的圆球,一共需要多少颗砂粒?

因为 1 颗罂粟子的直径是 1/40 英寸,$1^3 : 40^3 = 1 : 64000$,所以,填满直径为 1 英寸的圆球,至多需要 6.4 万颗罂粟子。

由于 1 万颗砂粒才有 1 颗罂粟子那么大,因此,填满直径为 1 英寸的圆球，至多需要 6.4 亿颗砂粒。这个数目比 10 个第二级单位小。

那么，填满直径为 1 斯塔迪姆的圆球，一共需要多少颗砂粒呢？阿基米德的答案是：这个数目不会超过 10 万个第三级单位。

接下来，阿基米德将圆球的直径不断扩大，逐一计算了当圆球的直径是 100、1 万、100 万、1 亿、100 亿个斯塔迪姆时，填满它所需要的砂粒数。最后，阿基米德得出答案说：填满整个宇宙空间所需要的砂粒数，不会超过 1000 万个第八级单位。

这个数究竟有多大呢？用科学记数法表示就是 10^{63}。这是一个非常大的数，如果用一般的记数法表示，得在 1 的后面接连写上 63 个 0。

古时候，人们把 10^4 叫作"黑暗"，把 10^8 叫作"黑暗的黑暗"，意思是它们已经大得数不清了，而阿基米德算出的这个数，不知要比"黑暗的黑暗"还要"黑暗"多少倍。由此可见，解答"砂粒问题"，不仅显示了阿基米德高超的计算能力，也显示了他惊人的胆识与气魄。

不过，用 10^{63} 颗砂粒是填不满宇宙空间的，充其量也只能填满宇宙一个小小的角落。但是，这不是阿基米德计算的过错。因为古希腊人心目中的"天球"，即使与现在已经观测到的宇宙空间相比，充其量也只能算是一个小小的角落。

奇特的墓志铭

在著名数学家阿基米德的墓碑上，镌刻着一个有趣的几何图形：一个圆球镶嵌在一个圆柱内。相传，它是阿基米德生前最为欣赏的一个定理。

在数学家鲁道夫的墓碑上，则镌刻着圆周率π的35位数值。这个数值被叫作"鲁道夫数"，它是鲁道夫毕生心血的结晶。

著名数学家高斯曾经表示，在他去世以后，希望人们在他的墓碑上刻上一个正17边形。因为他是在完成了正17边形的尺规作图后，才决定献身于数学研究的……

不过，最奇特的墓志铭，却是属于古希腊数学家丢番图的。他的墓碑上刻着一道谜语般的数学题：

"过路人，这座石墓里安葬着丢番图。他生命的1/6是幸福的童年，生命的1/12是青少年时期。又过了生命的1/7他才结婚。婚后5年有了一个孩子，孩子活到他父亲一半的年纪便死去了。孩子死后，丢番图在深深的悲哀中又活了 4 年,也结束了尘世生涯。过路人,你知道丢番图的年纪吗?"

丢番图的年纪究竟有多大呢?

设他活了 x 岁,依题意有

$$\frac{1}{6}x+\frac{1}{12}x+\frac{1}{7}x+5+\frac{1}{2}x+4=x。$$

这样,要知道丢番图的年纪,只要解出这个方程就行了。

这段墓志铭写得太妙了。谁想知道丢番图的年纪,谁就得解一个一元一次方程;而这又正好提醒前来瞻仰的人们,不要忘记了丢番图献身的事业。

在丢番图之前,古希腊数学家习惯用几何的观点看待遇到的所有数学问题,而丢番图则不然,他是古希腊第一个大代数学家,喜欢用代数的方法来解决问题。现代解方程的基本步骤,如移项、合并同类项、方程两边乘以同一因子等,丢番图都已知道了。他尤其擅长解答不定方程,发明了许多巧妙的方法,被西方数学家誉为这门数学分支的开山鼻祖。

丢番图也是古希腊最后一个大数学家。遗憾的是,关于他的生平,后人几乎一无所知,既不知道他生于何地,也不知道他卒于何时。幸亏有了这段奇特的墓志铭,才知道他曾享有 84 岁的高龄。

中国剩余定理

古时候,中国有一部很重要的数学著作,叫《孙子算经》。书中的许多古算题,如"物不知数"问题、"鸡兔同笼"问题,都编得饶有情趣,1000多年来,一直在国内外广为流传。其中,尤以"物不知数"问题最为著名。

"物不知数"问题的大意是:"有一堆物体,不知道它的数目。如果每3个一数,最后会剩2个;每5个一数,最后会剩3个;每7个一数,最后会剩2个。求这堆物体的数目。"

这是一个不定方程问题,答案有无穷多组。按照现代解不定方程的一般步骤,解答起来是比较麻烦的。而若按照中国古代人民发明的一种算法,解答起来就简单得出奇。有人将这种奇妙的算法编成了一首歌谣:

　　　　三人同行七十稀,五树梅花廿一枝,

七子团圆正半月，除百零五便得知。

歌谣里隐含着 70, 21, 15, 105 这 4 个数。只要记住了这 4 个数，算出"物不知数"问题的答案就轻而易举了。尤其可贵的是，这种奇妙的算法具有普遍的意义，只要是同一类型的题目，都可以用这种方法去解答。

《孙子算经》最先详细介绍了这种奇妙的算法。书中说：凡是每 3 个一数最后剩 1 个，就取 70；每 5 个一数最后剩 1 个，就取 21；每 7 个一数最后剩 1 个，就取 15。把它们加起来，如果得数比 105 大，就减去 105。最后求出的数就是所有答案中最小的一个。

在"物不知数"问题里，每 3 个一数最后剩 2，应该取 2 个 70；每 5 个一数最后剩 3，应该取 3 个 21；每 7 个一数最后剩 2，应该取 2 个 15。由于 $2 \times 70 + 3 \times 21 + 2 \times 15$ 等于 233，比 105 大，应该减去 105；相减后得 128，仍比 105 大，应该再减去 105，得 23。瞧，只需寥寥几步，我们就算出了题目的答案。

这种奇妙的算法有许多有趣的名称，如"鬼谷算""韩信大点兵""秦王暗点兵"等，并被编成了许多有趣的数学故事。它于 12 世纪末就流传到了欧洲国家。

可是，13 世纪下半叶，数学家秦九韶遇到了一个与物不知数问题很相似的题目，却不能用这种奇妙的算法来解答。

秦九韶遇到的题目叫"余米推数"问题，在数学史上也很有名。它有一种有趣的表述形式。

一天夜里，一群盗贼洗劫了一家米店，放在店堂里的三箩米几乎被席卷一空。第二天,官府派人勘查了现场,发现三个箩一样大,中间那个箩里还剩下 14 合(gě)米,而两边的箩里都只剩下 1 合米了。

盗贼偷走了多少米呢?店主不记得每个箩里装了多少米,只记得它们装得一样多。

后来,行窃的 3 个盗贼都被抓住了。可是,他们也不知道偷了多少米。那天晚上,店堂里漆黑一团,盗贼甲摸到了一个马勺,用它从左边那个箩里舀米;盗贼乙摸到一只木鞋,用它从中间那个箩里舀米;盗贼丙摸到一个漆碗,用它从右边那个箩里舀米。盗贼们不记得舀了多少次,只记得每次都正好舀满,舀完最后一次后,箩里剩下的米都已不够再舀一次了。

余米推数问题

在米店里,人们找到了马勺、木鞋和漆碗,发现马勺一次能舀 19

餘米推數

秦九韶

合米,木鞋一次能舀 17 合米,而漆碗一次只能舀 12 合米。问：米店共被窃走多少米？ 3 个盗贼各盗窃了多少米？

为什么说余米推数问题与物不知数问题很相似呢？如果把米店被窃走的米数看作是一堆物体,这个题目实际上就是：

有一堆物体,不知道它的数目。如果每 19 个一数,最后剩 1 个；每 17 个一数,最后剩 14 个；每 12 个一数,最后剩 1 个。求这堆物体的数目。

秦九韶想,既然这两个题目很相似,那么,它们的解法也应该很相似。"鬼谷算"解答不了余米推数问题,说明它还不够完善,于是他深入探索了古代算法的奥秘,经过苦心钻研,终于在古代算法的基础上,创造出一种更普遍、更强有力的奇妙算法。

这种新算法也就是驰名世界的"大衍求一术",它是中国古代数学里最有独创性的成就之一。国外直到 19 世纪,才由著名数学家高斯发现同样的定理。因此,这个定理也就被人叫作"中国剩余定理"。

秦九韶也因此获得了不朽的声誉。西方著名数学史专家萨顿,对秦九韶创造性的工作给予了极高的评价,称赞秦九韶是"他的民族、他的时代以至一切时期的最伟大的数学家之一"。

百钱买百鸡

相传在南北朝时期(386—589),我国北方出了一个"神童",他反应敏捷,计算能力超群,许多连大人一时也难以解答的问题,他一下子就给算出来了。远远近近的人都喜欢找他计算数学问题。

神童的名气越来越大,传到了当朝宰相的耳中。有一天,宰相为了弄清神童是真的还是假的,特地把神童的父亲叫了去,给了他100文钱,让第二天带100只鸡来。并规定100只鸡中公鸡、母鸡和小鸡都要有,而且不准多,也不准少,一定要刚好是百鸡百钱。

当时,买1只公鸡5文钱,买1

百钱买百鸡

只母鸡 3 文钱,买 3 只小鸡才 1 文钱。怎样才能凑成百鸡百钱呢?神童想了一会儿,告诉父亲说,只要送 4 只公鸡、18 只母鸡和 78 只小鸡去就行了。

第二天,宰相见到送来的鸡正好满足百鸡百钱,大为惊奇。他想了一下,又给了 100 文钱,让明天再送 100 只鸡来,还规定不准只有 4 只公鸡。

这个问题也没有难住神童。他想了一会儿,叫父亲送 8 只公鸡、11 只母鸡和 81 只小鸡去。还告诉父亲说,遇到类似的问题,只要怎样怎样就行了。

第二天,宰相见到了送来的 100 只鸡,赞叹不已。他又给了 100 文钱,要求下次再送 100 只鸡来。

岂料才一会儿,神童的父亲就送来了 100 只鸡。宰相一数:公鸡 12 只、母鸡 4 只、小鸡 84 只,正好又满足百鸡百钱……

这个神童就是张丘建。他继续勤奋学习,终于成长为一个著名的数学家。他的名著《张丘建算经》里,最后一个题目就是这个有趣的"百鸡问题"。

"百鸡问题"也是一个不定方程问题。

如果设买公鸡、母鸡和小鸡分别为 x,y,z 只,依题意可得到方程组:

$$\begin{cases} x+y+z=100, \\ 5x+3y+\dfrac{1}{3}z=100。 \end{cases}$$

另外再设一个整数参数 k,就有:

$$\begin{cases} x=4k, \\ y=25-7k, \\ z=75+3k。 \end{cases}$$

因为鸡数 x,y,z 都只能是正数,根据 $y=25-7k$,满足这组式子的 k 值只能是 $1,2,3$。分别用 $1,2,3$ 去替代式子中的 k,算出的答案正好与张丘建的一模一样。

在张丘建生活的那个年代,人们还不会布列不定方程组,那么,他又是怎样算出题目的几个答案的呢?

原来,张丘建发现了一个秘密:4 只公鸡值 20 文钱,3 只小鸡值 1 文钱,合起来鸡数是 7,钱数是 21;而 7 只母鸡呢,鸡数是 7,钱数也是 21。如果少买 7 只母鸡,就可以用这笔钱多买 4 只公鸡和 3 只小鸡。这样,百鸡仍是百鸡,百钱仍是百钱。所以,只要求出一个答案,根据这种法则,马上就可以求出其他的答案来。

这就是驰名中外的"百鸡术"。

湖水如何知深浅

把数学题编成歌谣真是个绝妙的主意。瞧：

> 平平湖水清可鉴，面上半尺生红莲；
>
> 出泥不染亭亭立，忽被强风吹一边。
>
> 渔人观看忙向前，花离原位两尺远；
>
> 能算诸君请解题，湖水如何知深浅。

只要读上几遍歌谣，就牢牢记住了这个数学题。

这首歌谣也就是著名的"印度莲花问题"，题意如图所示：一朵荷花（C）原先比湖水高出半尺（即 $BC=\frac{1}{2}$），茎秆在 B 处露出水面。一阵风吹来，将荷花刮到离 B 处两尺（尺是市制长度单位，1 尺约等于 0.33 米）远的地方（即

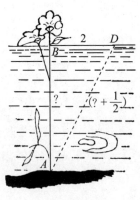

印度莲花问题

$BD=2$）。这时，荷花的顶端刚好露出水面，求湖水有多深（即 $AB=?$ ）。

这个题目不算太难。图中的 A、B、D 三点可以连成一个直角三角形，其中，BD 是直角边，长度是 2 尺；AB 是另一条直角边，表示湖水的深度，是未知量；AD 是斜边，它与荷花茎秆的长度 AC 相等。这样，想知道湖水有多深，也就归结为怎样用勾股定理算出 AB 的长度。

不妨设 AB 的长度为 x 尺。由于 $AC=AD$，所以 AD 的长度是 $(x+\frac{1}{2})$ 尺。根据勾股定理，两条直角边的平方和应等于斜边的平方，于是有：

$$x^2 + 2^2 = (x+\frac{1}{2})^2 。$$

即　$4 = x + \frac{1}{4}$，$x = 3\frac{3}{4}$（尺）。

"印度莲花问题"的作者叫婆什迦罗，是 12 世纪时一位著名的印度数学家。他编这首歌谣的目的，是帮助人们熟练掌握勾股定理这个重要数学定理的应用，由于歌谣编得琅琅上口，颇具情趣，很快就赢得了印度人民的喜爱。后来，它还逾越国界，在中东和西欧许多国家广泛流传。

"一根长矛直立于水中，露出水面 3 肘（肘是一种古代长度单位，1 肘约等于 0.5 米）。一阵大风吹来，使长矛偏离原来的位置 5 肘远。这时，矛尖刚好露出水面，问：矛长多少肘？"

这是 14 世纪末期，阿拉伯数学家阿尔·卡西《论圆》一书中的一道著名数学题。它与"印度莲花问题"多么相似啊，简直可以说，是把"印度莲花问题"逐字译成了阿拉伯文。

一些外国人认为，这类题目都起源于"印度莲花问题"。实际上，事实并非如此，在婆什迦罗尚未出世的时候，一道叫作"葭（jiā）生中央问题"的著名数学题，已在中国流传了 1000 多年！

"葭生中央问题"最早见于古代数学巨著《九章算术》。这本书的最后一章叫"勾股"章,详细讨论了用勾股定理解决各类实际问题的方法。这一章的第6题就是"葭生中央问题":

"有一个正方形的池塘,边长为1丈(丈是市制长度单位,1丈约等于3.33米)。有棵芦苇生长在池塘的正中央,高出水面的部分有1尺长,如果把芦苇向岸边拉,苇顶正好能碰到池岸边沿。问池塘水深和芦苇的长度各是多少?"

书中介绍了一种非常简单的解法:"把池塘边长的一半自乘,再把芦苇出水的那个部分自乘,然后相减。将所得的差除以出水数的2倍,就是池塘的水深;加上出水数,就是芦苇的长度。"

即　　池深$=(5^2-1^2)/2 \times 1=12$(尺),

芦苇长$=12+1=13$(尺)。

虽寥寥数语,却揭示了这一类问题的解题规律。尤其可贵的是,它与现代解法的最后步骤完全相同。

《九章算术》是中国古代最重要的一部数学著作,"葭生中央问题"也因此广为流传,历代数学家还仿照它编出了许多有趣的习题。至1303年,元代著名数学家朱世杰又以歌谣唱道:

今有方池一所,每面丈四方停,

葭生西岸长其形,出水三十寸整。

东岸蒲生一种,水上一尺无零,

葭蒲梢接水齐平。借问三般怎定?

这个题目虽比"印度莲花问题"晚了100多年,但解答起来却困难得多。

奇怪的遗嘱

古时候，人们曾将一些动物奉若神明。例如，古埃及人将猫尊为神圣的月亮和富裕女神，顶礼膜拜。谁家的猫死了，全家人都得剪掉头发，剃光眉毛，以示哀悼；而谁要是杀死了猫，即使是无意的，也会被处以极刑。

无独有偶，古代印度人也有类似的习俗。不过，他们顶礼膜拜的不是猫，而是牛。即使牛横冲直撞，践踏庄稼，人们也不敢干涉。至于有谁屠宰牛，则无异于是犯下了弥天大罪。

由于这种奇特的习俗，印度人民中流传着一个非常有趣的故事。

相传在非常遥远的古代，一位老人害了重病，临终前，他将3个儿子全都叫到床前，立下了一份遗嘱。遗嘱里规定3个儿子能够分掉他的17头牛，但又规定：老大应得到总数的1/2，老二应得到总数的1/3，而老三只能得到总数的1/9。

老人去世后，兄弟三人聚在一起商量如何分牛。起先，他们以为这是一件非常容易的事，可是，他们商量来、商量去，商量了老半天，也没有找出一种符合老人规定的分法。因为 17 的 1/2 是 $8\frac{1}{2}$，17 的 1/3 是 $5\frac{2}{3}$，17 的 1/9 是 $1\frac{8}{9}$，这 3 个数都不是整数！

而且，这种分法需要活活杀死 2 头牛，实际上是根本行不通的。

其实，即使是偷偷屠宰了 2 头牛也无济于事，因为 $8\frac{1}{2}+5\frac{2}{3}+1\frac{8}{9}$ $=16\frac{1}{18}$，并没有将 17 头牛全部分完，还会余下 1 头牛的 17/18 来。剩下的部分又该怎么办呢？这份遗嘱能够执行吗？

兄弟三人解决不了这个问题，去向许多有学问的人请教。大家聚在一起商量了老半天，也没有找出一种符合老人规定的分法。

一天，有个老农牵着 1 头牛从这家门口经过，听说了这件事，他想了一会儿，开口说道："这件事其实很容易。这样吧，我把这头牛借给你们，你们按总数的1/2，1/3，1/9 去分，分完后再把这头牛还给我就行了。"

分完后再把这头牛还给我

兄弟三人决定按老农的分法去试一试。这时，他们手中共有 18 头牛，老大分 1/2，得 9 头；老二分 1/3，得 6 头；老三分 1/9，得 2 头。真是巧极了，这么一来，他们刚好分掉了自己家里的 17 头牛，而且还余下 1 头，正好原封不动地还给那位老农。

这个难住了那么多人的数学问题，就在这变魔术似的一借一还中，干脆利落地给解决了。

这是怎么回事呢？原来，那位聪明的老农弄清了遗嘱的秘密。老人规定 3 个儿子各得 17 头牛的 1/2，1/3 和 1/9，实际上，也就是要他们按这个比例去分配。把 1/2∶1/3∶1/9 化成整数比是 9∶6∶2，而 9+6+2 又正好等于 17，所以，按照 9，6，2 这 3 个数字去分配，就正好符合遗嘱规定的分法。

那么，老农为什么又要借给兄弟 3 人 1 头牛呢？瞧，$\frac{1}{2}+\frac{1}{3}+\frac{1}{9}=\frac{17}{18}$，这个算式提醒人们，按照遗嘱的规定去分牛，实际上是在分配 18 份中的 17 份。老农借出 1 头牛后，总数达到了 18 头，而 18 头的 1/2，1/3 和 1/9 正好是整数，他的分法就比较容易为大家所接受。

很清楚，无论借牛与不借牛，结果都是一样的。当然，老农借出 1 头牛后，他就用不着多费口舌去解释其中的道理了。

斐波纳奇数列

13世纪初,欧洲最好的数学家是斐波纳奇,他写了一本叫作《算盘书》的著作,是当时欧洲最好的数学书。书中有许多有趣的数学题,其中最有趣的是下面这个题目:

斐波纳奇

"如果1对兔子每月能生1对小兔子,而每对小兔在它出生后的第3个月里,又能开始生1对小兔子,假定在不发生死亡的情况下,由1对初生的兔子开始,1年后能繁殖成多少对兔子?"

推算一下兔子的对数是很有意思的。为了叙述更有条理,我们假设最初的1对兔子出生在头一年的12月份。显然,1月份里只有1对兔子;到2月份时,这对兔子生了1对小兔,总共有2对兔子;在3月份里,这对兔子又生了1对小兔,总共有3对兔子;到4月份时,2月份出生的兔子开始生小兔了,这个月共出生了2对小兔,所以共有

5 对兔子；在 5 月份里，不仅最初的那对兔子和 2 月份出生的兔子各生了 1 对小兔，3 月份出生的兔子也生了 1 对小兔子，总共出生了 3 对兔子，所以共有 8 对兔子……

照这样继续推算下去，当然能够算出题目的答案，不过，斐波纳奇对这种方法很不满意，他觉得这种方法太烦琐了，而且越推算到后面情况越复杂，稍一不慎就会出现差错。于是他又深入探索了题中的数量关系，终于找到了一种简捷的解题方法。

斐波纳奇把推算得到的头几个数摆成一串：

1，1，2，3，5，8，……

这串数里隐含着一个规律：从第 3 个数起，后面的每个数都是它前面那两个数的和。而根据这个规律，只要做一些简单的加法，就能推算出以后各个月兔子的数目了。

这样，要知道 1 年后兔子的对数是多少，也就是看这串数的第 13 个数是多少。由 5+8=13，8+13=21，13+21=34，21+34=55，34+55=89，55+89=144，89+144=233，不难算出题目的答案是 233 对。

按照这个规律推算出来的数，构成了数学史上一个有名的数列。大家都叫它"斐波纳奇数列"。这个数列有许多奇特的性质，例如，从第 3 个数起，每个数与它后面那个数的比值，都很接近于 0.618，正好与大名鼎鼎的"黄金分割律"相吻合。人们还发现，连一些生物的生长规律，在某种假定下也可由这个数列来刻画呢。

牛 顿 问 题

　　牛顿是 17 世纪英国最著名的数学家。他不仅勇于探索高深的数学理论,也很重视数学的普及教育,曾专门为中学生编写过一套数学课本。牛顿认为:"学习科学时,题目比规则还有用些。"所以在书中编排了许多复杂而又有趣的数学题,用来锻炼学生的数学思维能力。下面这个题目就是书中一道著名的习题:

　　"有 3 块草地,面积分别是 $3\frac{1}{3}$ 顷(1 顷折合 16.67 公顷,下同)、10顷和 24 顷。草地上的草一样厚,而且长得一样快。如果第一块草地可以供 12 头牛吃 4 个星期,第二块草地可以供 21 头牛吃 9 个星期,那么,第三块草地恰好可以供多少头牛吃 18 个星期?"

　　这个题目的确复杂而又有趣。因为在几个月的时间里,被牛吃过的草地还会长出新的青草来,而这些青草的生长量,又因时间的长短、面积的大小而各不相同!

牛顿

牛顿潜心研究过这个题目,发现了好几种不同的解法。他认为,下面这种比例解法最为有趣。

首先,假设草地上的青草被牛吃过以后不再生长。因为"$3\frac{1}{3}$顷草地可以供12头牛吃4个星期",按照这个比例,10顷草地就可以供8头牛吃18个星期,或者说可以供16头牛吃9个星期。

由于实际上青草被牛吃过以后还会生长,所以题中说:"10顷草地可以供21头牛吃9个星期。"把这两个结论比较一下就会发现,同样是10顷草地,同样是9个星期,却可以多养活21-16=5头牛。

这5头牛的差额表明,在9个星期的后5周里,10顷草地上新生的青草可供5头牛吃9个星期。也就是说,可以供2.5头牛吃18个星期。

那么,在18个星期的后14周里,10顷草地上新生的青草可供多少头牛吃18个星期呢?由5∶14=2.5∶?,不难算出答案是7头牛。

接下来综合考虑18个星期的各种情况。

前面已经算出,假定青草不生长时,10顷草地可以供8头牛吃18个星期;考虑青草生长时,10顷草地上新生的青草可以供7头牛吃18个星期。因此,10顷草地实际可以供8+7=15头牛吃18个星期。按照这个比例,就不难算出24顷草地可以供多少头牛吃18个星期了。

10∶24=15∶?

显然,"?"处应填36。36就是整个题目的答案。

欧 拉 问 题

　　无独有偶。著名数学家欧拉也很重视数学的普及教育。他经常亲自到中学去讲授数学知识,为学生编写数学课本。尤其感人的是,1770 年,年迈的欧拉双目都已失明了,仍然念念不忘给学生编写《关于代数学的全面指南》。这本著作出版后,很快就被译成几种外国文字流传开来,直到 20 世纪,有些学校仍然用它作基本教材。

　　为了搞好数学普及教育,欧拉潜心研究了许多初等数学问题,还编了不少有趣的数学题。也许因为欧拉是历史上最伟大的数学家之一,这些题目流传特别广。例如,在各个国家的数学课外书籍里,都能见到下面这道叫作"欧拉问题"的数学题:

　　"两个农妇带了 100 只鸡蛋去集市上出售。两人的鸡蛋数目不一样,赚得的钱却一样多。第一个农妇对第二个农妇说:'如果我有你那么多的鸡蛋,我就能赚 15 枚铜币。'第二个农妇回答说:'如果我有你那么多的鸡蛋,我就只能赚 $6\frac{2}{3}$ 枚铜币。'问:两个农妇各带了多少只鸡蛋?"

历史上，像这样由对话形式给出等量关系的题目并不少见。例如公元前3世纪时，古希腊数学家欧几里得曾编了一道驴和骡对话的习题：

"驴和骡驮着货物并排走在路上，驴不住地抱怨驮的货物太重，压得受不了。骡子对它说：'你发什么牢骚啊！我驮的比你更重。如果你驮的货物给我1口袋，我驮的货物就比你重1倍；而我若给你1口袋，咱俩才刚好一般多。'问驴和骡各驮了几口袋货物？"

12世纪时，印度数学家婆什迦罗也曾编了一道相似的习题：

"某人对一个朋友说：'如果你给我100枚铜币，我将比你富有2倍。'朋友回答说：'你只要给我10枚铜币，我就比你富有6倍。'问：两人各有多少铜币？"

但是，"欧拉问题"却编出了新意。由于两种"如果"出的答数无倍数关系可言，使得题中缊含的等量关系更加行踪难觅，解题途径与上述两题也不相同。

下面是欧拉提供的一种解法。

假设第二个农妇的鸡蛋数目是第一个农妇的 m 倍。因为最后两人赚得的钱一样多，所以，第一个农妇出售鸡蛋的价格必须是第二个农妇的 m 倍。

如果在出售之前，两个农妇已将所带的鸡蛋互换，那么，第一个农妇带有的鸡蛋数目和出售鸡蛋的价格，都将是第二个农妇的 m 倍。也就是说，她赚得的钱数将是第二个农妇的 m^2 倍。

于是有 $m^2 = 15 : 6\frac{2}{3}$。

舍去负值后得 $m=3/2$，即两人所带鸡蛋数目之比为 3∶2。这样，由鸡蛋总数是 100,就不难算出题目的答案了。

想出这种巧妙的解法是很不容易的，连一贯谨慎的欧拉也忍不住称赞自己的解法是"最巧妙的解法"。

托尔斯泰问题

19世纪时，俄国有位大文豪叫列夫·托尔斯泰。他的作品形象生动逼真，心理描写细腻，语言优美，用词准确鲜明，对欧洲和世界文学产生过巨大影响。如《战争与和平》《复活》等，至今仍然拥有千千万万的读者。

托尔斯泰喜欢演算数学题

这位大文豪又是一个有名的"数学迷"。每当创作余暇，只要见到了有趣的数学题目，他就会丢下其他事情，沉湎于数学演算之中。他还动手编了许多数学题，这些题目都很有趣而且都不太难，富于思考性，因而在俄罗斯少年中广为流传。例如：

"一些割草人在两块草地上割草，大草地的面积比小草地大1倍。上午，全体割草人都在大草地上割草。下午他们对半分开，一半人留在大草地上，到傍晚时把剩下的草割完；另一半人到小草地上去割草，到傍晚时还剩下一小块没割完。这一小块地上的草第二天由一个割草人割完。假定每半天的劳动时间相等，每个割草人的工作效率也相等。问：共有多少割草人？"

这是托尔斯泰最为欣赏的一道数学题，他经常向人提起这个题目，并花费了许多时间去寻找它的各种解法。下面这种巧妙的算术解法，相传是托尔斯泰年轻时发现的。

在大草地上，因为全体人割了一上午，一半的人又割了一下午才将草割完，所以，如果把大草地的面积看作是1，那么，一半的人在半天时间里的割草面积就是1/3。

在小草地上，另一半人曾工作了一个下午。由于每人的工效相等。这样，他们在这半天时间里的割草面积也是1/3。

由此可以算出第一天割草总面积为4/3。

剩下的面积是多少呢？由大草地的面积比小草地大1倍，可知小草地的总面积是1/2。因为第一天下午已割了1/3，所以还剩下1/6。这小块地上的草第二天由1个人割完，说明每个割草人每天的割草面积是1/6。

将第一天割草总面积除以第一天每人割草面积，就是参加割草的总人数。

$$\frac{4}{3} \div \frac{1}{6} = 8(\text{人})。$$

后来，托尔斯泰又发现可以用图解法来解答这个题目，他对这种解法特别满意。因为不需要做更多的解释，只要画出了这个图形，题目的答案也就呼之即出了。

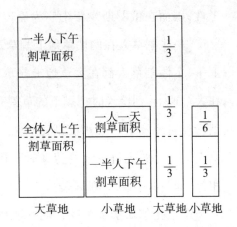

著名外国数学家 →

少儿科普名人名著书系

数学之父

2500 多年前,有两个国家发生了战争。一直打了 5 年多的仗,仍然不分胜负。

一天,一位外国学者来到两国的边境,看到城池破败,尸横遍野,血流成河,便奉劝两国的国王停止这场灾难深重的战争。可他们偏不听劝告,执意要用武力争个高低,约定在公元前 585 年 5 月 28 日那天进行决战。

这位学者很生气,忿忿地警告国王

泰勒斯

说:"你们这样做违背了神的意志,如果你们硬要打仗的话,神力无边的阿波罗(太阳神)一定会发怒的……"

决战那天下午,正当两军酣战不休时,学者的警告果然"灵验"了。顷刻间天昏地暗,百鸟归巢,天幕上繁星点点,大地上漆黑一团。国王吓得战战兢兢，趴在地上不住地祈祷，乞求太阳神宽恕；士兵们惶恐万分，扔掉武器四散而逃。后来两国停战和好，还互通了婚姻。

这是一则流传很广的历史故事。故事中那位料事如神的外国学者，就是泰勒斯，他是古希腊第一位世界闻名的大数学家。

原来，泰勒斯预先测出决战那天正好有日食，见两国的国王执意要打仗，就编了个太阳神发怒的神话，巧妙地劝止了这场战争。

泰勒斯大约生于公元前 624 年，早先是一个很精明的商人。相传有一年，泰勒斯预见到橄榄油会丰收，就花钱把很多地区的榨油设备全都买到了手，后来，橄榄油果然大丰收，他又看准机会将榨油设备租出去，结果赚了很大一笔钱。

积累了足够的财富后，泰勒斯便专心从事科学研究和旅行。他的家乡离埃及不太远，所以他常去埃及旅行。在那里，泰勒斯了解了古埃及人民在几千年间积累的丰富数学知识。他勤奋好学，同时又不迷信古人，勇于探索，勇于创造，积极开动脑筋思考问题。相传他游历埃及时，曾用一种巧妙的方法算出了金字塔的高度，使古埃及法老钦羡不已。

泰勒斯的方法既巧妙又简单：选一个天气晴朗的日子，在金字塔边竖立一根小木棍，然后观察木棍阴影的长度变化，等到阴影长度恰好等于木棍长度时，赶紧去测量金字塔影的长度，因为在这一时刻，金字塔

泰勒斯测量金字塔

的高度也恰好与塔影长度相等。

也有人说，泰勒斯是利用棍影与塔影长度的比等于棍高与塔高的比算出金字塔高度的。如果是这样的话，就要用到相似三角形对应边成比例这个数学定理。

泰勒斯夸耀说，是他把这种方法教给了古埃及人。其实，情况可能正相反，应当是埃及人早就知道了类似的方法，但他们只满足于知道怎样去计算，没有考虑为什么这样算就能得到正确的答案。

在泰勒斯以前，人们在认识大自然时，只满足于对各类事物提出"怎么样"的解释，而泰勒斯的伟大之处，在于他不仅能做出"怎么样"的解释，而且还加上了"为什么"的科学问号。

古代东方人民积累的数学知识，主要是一些由经验中总结出来的计算公式。泰勒斯认为，这样得到的计算公式，用在某个问题里可能是正确的，用在另一个问题里就不一定正确了，只有从理论上证明它们是普遍正确的以后，才能广泛地运用它们去解决实际问题。在人类的童年时期，泰勒斯能够自觉地提出这样的观点，尤其难能可贵。它赋予数学以特殊的科学意义，是数学发展史上一个巨大的飞跃。西方国家的人民尊泰勒斯为"数学之父"，道理就在这里。

泰勒斯最先证明了如下的定理：

"圆被任一直径平分。"

"等腰三角形的两底角相等。"

"两条直线相交，对顶角相等。"

"半圆的内接三角形，一定是直角三角形。"

"如果两个三角形有一条边以及这条边上的两个角对应相等，那么这两个三角形全等。"（角边角）这个定理也是泰勒斯最先发现并最先证明的，后人常称之为泰勒斯定理。相传泰勒斯证明这个定理后非常高兴，宰了一头公牛供奉神灵。后来，他还用这个定理算出了海上的船与陆地的距离。

泰勒斯对古希腊的哲学和天文学，也做出过开拓性的贡献。历史学家肯定地说，泰勒斯的墓碑上刻有这样一段题辞：

这位天文学家之王的坟墓多少小了一点，但他在星辰领域中的光荣是颇为伟大的。

数 学 的 神

阿基米德是古希腊最伟大的数学家。早在公元1世纪，就有人出自对阿基米德的狂热崇拜，称他是"数学的神"。一些著名科学家也说，了解了阿基米德的成就以后，对后代杰出人物的天才创造，就不再那么钦佩了。

阿基米德是怎样的一尊神呢？

公元前287年左右，阿基米德诞生在西西里岛上的叙拉古城。他落地时的呱呱哭声，想来也和其他儿童一样，绝不会就是一首好诗。不过，阿基米德确实比别的儿童更幸运一些，因为他有一个当天文学家的父亲，能给他良好的家庭教育。后来，他的一个亲戚当上了叙拉古国王，又使他有机会漂洋过海，到遥远的亚历山大城去留学。

阿基米德

但是，阿基米德能够成为天才的数学家，绝不是因为他天生就聪明，而是由于他勤奋探索，比别人付出了更多的劳动。历史上流传着许多阿基米德刻苦学习的动人故事。相传他思考科学问题时，精神高度集中，常常会忘记周围的一切。有一次，大家关心阿基米德的身体，给他擦上香油膏，强迫他去洗澡。可是，过了半天都不见他从澡堂里出来。大家以为他出了什么事，冲进去一看，阿基米德站在澡堂里，早把洗澡忘了个一干二净，正用手指在抹了香油膏的身体上画几何图形呢。

阿基米德在亚历山大城学到了许多先进的数学知识，也结识了许多朋友。回到家乡后，他仍然与城里的数学家保持联系，了解数学的最新进展，同时也交流各自的研究成果。

在一封写给城里朋友的信中，阿基米德提出了一个著名的"牛群问题"。题目里说，西西里岛上有4群牛，每群牛里都有公牛和母牛，它们颜色不同，数目不详。题中牛群之间的数量关系非常复杂，仅仅把那些反映数量关系的话全都抄下来，恐怕就得抄满一二页纸。所以，在这封信的结尾处，阿基米德风趣地写道："朋友，如果你算出了题目的答案，你就是世界上最聪明的人。"

当一个"最聪明的人"可不是一件轻松的事。

"牛群问题"的答案大得惊人，位数超过了20万！有人计算过，假定每页纸可以写2500个数字，那么，光原原本本地写出题目的8个答案，就得用去厚厚的660页纸。

用现代的方法解答"牛群问题"，除了要布列7个方程之外，还要考虑2个附加条件。显然，这是一个让现代的人也感到头痛的问题。可它难不住阿基米德，因为解难题是他的拿手好戏。

阿基米德有一种特殊的本领,能用最简单的方法,计算最困难的数学问题。就说"砂粒问题"吧:"用砂粒把整个宇宙全都填满,至少需要多少砂粒?"在2200多年前,不要说计算这样的题目,连提出这样的问题都需要非凡的勇气。可是,看了阿基米德的解答,人们都会情不自禁地说:"哦,是这样算的,太妙了。"紧接着,又会感慨横生:"咳!我怎么连这样简单的算法都想不出来呢?"

不过,也别以为阿基米德的著作谁都能看懂,实际上,他的许多数学专著,连当时的数学家也难全都看懂呢。阿基米德研究的内容,有许多都是当时最尖端的科学问题。他的几何著作是古代精确科学的高峰。

在阿基米德以前,古希腊的数学家同时也是哲学家,他们强调抽象的理论思维,轻视知识的实际应用,宁愿在理论上考察所有图形面积,也不愿去关心一块麦田面积的大小。阿基米德与他的前辈不同,他不仅用精确的数量关系去揭示几何图形间的内在联系,还大胆地用数学方面的卓越发现,去解决天文学、力学以及生活中的具体问题。运用严格的数学论证,使由实践中积累的经验上升为系统的理论。

由于阿基米德善于把数学与其他自然科学紧密结合起来,所以,他的发明创造大大超出当时一般的技术水平,并给后代留下无数近乎神话的传说。相传他制作了一个天体地球仪,坐在家里就能了解天体运行的情况,推算发生日食和月食的日期;他还发明了一种螺旋扬水器,能把河水提上岸来灌溉土地;有些历史书上说,阿基米德制作过一面巨大的抛物镜,能把阳光聚焦后反射到敌人的战舰上,燃起熊熊大火……

阿基米德还善于利用其他自然科学方面的发明创造,来丰富自己的数学研究。谁都知道,在物理学上,阿基米德以发明"杠杆定律"

而闻名。可谁又曾想到,这个看上去与数学毫无关联的物理学定律,在阿基米德手里,也成了一件得心应手的数学工具?

运用"杠杆定律"怎样解数学题呢? 阿基米德把要计算的面积或体积看作是有重量的东西,将它们分成许多非常小的长条或薄片,然后利用已知面积去平衡这些"元素",找出它们的"重心"和"支点"。这样,根据杠杆定律的结论,就可以算出物体的面积或体积来。运用这种方法,阿基米德算出了球和球冠的面积、抛物弓形的面积、旋转双曲体的体积,取得了许多辉煌的成果。

更重要的是,阿基米德的方法已经伸展到高等数学领域。1800多年后,牛顿等人在创立微积分时,曾从阿基米德天才的思想里获得过巨大的启迪。

称阿基米德为"数学的神",不是没有道理的!

阿基米德是一位伟大的科学家,也是一位伟大的爱国者。公元前215年,当罗马军队从海陆两路大举侵犯叙拉古城时,阿基米德已经是一个70多岁高龄的老人了,他毫不犹豫地挺身而出,竭尽心智,为保家卫国而浴血奋战。

整整3年,强大的罗马军团付出了惨重的代价,也始终无法闯进叙拉古的城门。每当罗马步兵逼近城墙,城墙上就会呼啸着飞出成批的石块,把侵略者砸得头破血流。这是阿基米德发明的掷石机在大显神威。每当罗马战舰驶近城墙,城墙后面就会伸出一种鸟嘴梁,抛出一些巨大的石块,把敌舰砸沉撞翻。阿基米德的神奇发明让侵略者闻风丧胆,到后来,一看见城墙上出现某种木棍,罗马士兵就惊呼着"又来了",吓得抱头鼠窜。

罗马士兵惊呼"又来了"

后来,由于叛徒的出卖,弹尽粮绝的叙拉古城终于陷落了。那时,阿基米德正在思考一个数学问题,他是那样的全神贯注,早已忘记了周围的一切,以致没有听到罗马士兵沉重的脚步声和粗暴的喝问声。一只沾满血污的皮靴,踩上阿基米德画在地上的图形,老人抬起头来,愤怒地吼道:"滚开些,不要弄坏了我的图!"……

阿基米德的逝世,是古希腊科学的巨大损失,连他的敌人也感到非常惋惜。罗马军队的统帅马塞尔,不仅把杀害阿基米德的那个士兵当作杀人犯处决了,还给阿基米德建造坟墓,聊表景仰之忱。

墓碑上刻有一个几何图形。相传,它是阿基米德生前最引为自豪的一个定理:

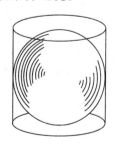

以球的大圆为底、以球的直径为高的圆柱,其体积是球的3/2,其包括上下底在内的表面积,也是球的3/2。

拾贝壳的孩子

      1643年初,英国林肯郡的一个小乡村里,一个婴儿呱呱落地了。这孩子非常瘦小,只有1.36千克重,几乎可以装进一个1升大的杯子里,连他的母亲也认为他活不了多久。两个妇女去邻村为孩子取药,她们一边匆匆地赶路,一边直嘀咕:"这会儿,那个可怜的小生命恐怕已经不在人间了吧?"

      谁也没有料到,这个孩子竟然奇迹般地活了下来,而且健康地活到了85岁的高龄。他,就是艾萨克·牛顿,历史上最伟大的数学家之一。

      大科学家爱因斯坦曾经称赞牛顿说:"对他来说,大自然是一本打开的书,他能毫不费力地读懂它的字句。"了解了牛顿少年时代的经历,将有助于我们理解这段话的深刻含义。

      小时候,牛顿曾是个不爱读书的孩子。他

牛　顿

对功课不感兴趣，一上课思想就开小差，老想着玩。12岁那年，家里人把他由乡村小学转到镇上去念书。当时，镇上的学校按照成绩好坏给学生编座位，成绩好的学生坐在教室的最前边，成绩不好的学生依次坐在后面。牛顿由于不用心学习，成绩最差，总是坐在教室最后面的角落里。

班上的同学都瞧不起牛顿，常常嘲笑他，有的同学还欺侮他。这些事使牛顿深受刺激，于是发愤图强，刻苦学习。后来，牛顿的座位逐渐前移，不久就移到了最前排的第一个位置上。

在牛顿出生之前2个月，他父亲就已经去世了。家里一直很贫困。14岁那年，由于家里的经济状况进一步恶化，牛顿被迫停止学业，回到乡下帮母亲干活。

这时，牛顿已经和书本不可分离了。尽管他每天都要干很多很多的农活，但是，只要一有空闲，他就立刻坐下来认真地读书。渐渐地，牛顿干活时也偷偷带上了书本。相传每次赶集时，牛顿总是在集市上津津有味地读书，所带的东西一件也卖不出去，而当他放牧的时候，又常常因为专心致志地思考书中的道理，连羊群在糟蹋庄稼也毫无觉察……

牛顿勤奋学习的精神感动了母亲。在舅父的帮助下，牛顿又回到了学校。不久，这个穷孩子考进了著名的剑桥大学。

在大学里，牛顿的生活也很艰苦，他每天都要干许多的勤杂活儿，来减免自己的学费，减轻家里的负担。

在整个青少年时期，牛顿就是这样以顽强的意志去克服各种困难，勤奋学习，积极开动脑筋思考问题，为以后的科学创造奠定了坚实的基础。他自己也说过："如果说我对世界有些微贡献的话，那不是由于别的，只是由于我辛勤而持久地思索所致。"

起初，牛顿不太注意数学。有一次，他借了一本欧几里

连羊群在糟蹋庄稼也毫无觉察

得的《几何原本》，觉得它太容易理解了；换了一本笛卡儿的《解析几何》，又觉得它太难了；于是去读奥特雷德的《数学入门》。渐渐地，牛顿迷上了数学，并在著名数学教授巴罗的指导下，立志去探索数学王国的无穷奥秘。

在数学上，牛顿最伟大的贡献是发明了"流数术"。

什么是"流数术"呢？它是一种新的数学方法。举个例子说，纸上有 4 个点，如果用线段把它们连接起来，这种图形的面积是不难计算的；但是，如果用弯曲的曲线把这 4 个点连接起来，这种图形的面积又该怎样计算呢？显然，用传统的数学方法是无能为力的。牛顿在研究物理学问题时，常常遇到许多类似的情况，深切地感到有必要去创造一种新的数学方法。

在牛顿之前，已经有许多数学家在努力探索这种新的数学方法。牛顿从前人纷乱的猜测中，清理出有价值的思想，并用丰富的想象力

将零碎的知识重新组织起来,终于最先找到了这种新的数学方法。这种新方法就是微积分,牛顿称为"流数术"。

微积分的出现,极其深刻地影响了科学技术的发展。如果说天文学家不能没有望远镜,生物学家不能没有显微镜,那么,不仅仅是数学家,所有的自然科学家都不能没有微积分。

微积分的出现,揭开了数学发展史上极其光辉的一页。大数学家莱布尼茨甚至说:"从世界开始到牛顿生活的年代为止,在人类创造的全部数学中,牛顿的工作超过了一半。"

作为微积分的创始人之一,牛顿享有不朽的世界声誉。然而,微积分远远不是他的全部科学创造。他在许多领域里都有同时代人无法比拟的贡献,尤其是在物理学方面,他创立的经典力学体系,首次实现了自然科学的大综合,是人类对自然界认识的巨大飞跃。从1703年起,牛顿担任了英国皇家学会主席,以后连选连任,一直到去世为止。

面对荣誉和赞扬,牛顿谦虚地说:"我不知道世人的看法怎样,我只觉得自己好像是在海滨游戏的孩子,为一会儿找到一颗光滑的石子,一会儿找到一个美丽的贝壳而高兴。而真理的海洋仍在我的前面未被发现。"

世人的看法究竟怎样呢?牛顿逝世后,人们在他的墓碑上刻下了这样一段文字:

他以几乎神一般的思维力,最先说明了行星的运动和图像,彗星的轨道和大海的潮汐。让普通平凡的人们因为在他们中间出现过一个人杰而感到高兴吧!

一切人的老师

       欧拉是18世纪里最优秀的数学家,也是历史上最伟大的数学家之一。

       与牛顿不同,欧拉没有做出过划时代的数学创造,但是,人们却能在几乎所有的数学领域内,看到他闪光的名字,见到他辛勤耕耘的足迹。欧拉公式、欧拉方程、欧拉常数、欧拉方法、欧拉猜想、欧拉图解、欧拉定理、欧拉准则、欧拉多项式……历史上,从未有人能像欧拉那样巧妙地把握数学,取得过那么多令人赞叹的数学成果。从1909年起,人们就开始筹备整理出版《欧拉全集(74卷)》,仅仅是整理这些著述,彼得堡科学院就整整花费了47年。

       1707年4月15日,欧拉诞生于瑞士的巴塞尔城。父亲是一个乡村牧师,很喜欢数学,常给欧拉讲一些有趣的数学故事,使欧拉很早就对数学产生了浓郁的兴趣。

欧　拉

不满 10 岁的时候，欧拉就开始自学《代数学》。这本书是大数学家鲁道夫写的经典著作，连欧拉的老师中，也没有几个人读过这本书。可小欧拉却读得津津有味。遇到弄不懂的地方，欧拉就用笔做上记号，事后再向大人请教。

有一次，欧拉去请教业余数学家伯克哈特。伯克哈特先生打开门，见门口站着一个小男孩，捧着一本厚厚的精装书，嚷着要请教书中的问题，以为这个小孩在跟他开玩笑。待他翻开《代数学》，挑了几个公式考问小孩后，不由得惊讶得说不出话来……

以为这个小孩跟他开玩笑

后来，伯克哈特与小欧拉成了好朋友，他耐心地回答欧拉提出的问题，指导欧拉做完了《代数学》中的全部习题，还指导欧拉阅读了许多数学著作。

13 岁那年，欧拉考入了巴塞尔大学。这个全校年龄最小的学生，很快就成为约翰·伯努利教授的得意门生。

可是，欧拉的父亲不希望儿子读数学。他认为学神学最划算，毕业后容易找到一份像样的工作，要把欧拉转到神学系。

约翰·伯努利认为这件事太荒唐了。他亲自上欧拉家去，劝说欧拉的父亲改变主意。约翰·伯努利是当时瑞士最著名的数学家，在他家族的 4 代人中，涌现过 10 多位欧洲知名的

约翰·伯努利

数学家，其中，雅科布·伯努利还当过欧拉父亲的老师。教授对欧拉的父亲说："我敢保证，您儿子日后在数学上的成就，必定会远远超过我。"

欧拉的父亲终于改变了主意。从此，欧拉在约翰·伯努利的指导下，坚定地走上了献身数学的道路。

欧拉不知疲倦地探索了数学的各个领域，即使是最详细的数学史中，也很难罗列出欧拉的全部贡献。

有人将欧拉发明的公式：

$$e^{ix}=\cos x+i\sin x$$

称作是数学中最卓越的公式之一。因为当 $x=\pi$ 时，这个公式就变成了 $e^{i\pi}+1=0$，它将数学中最重要的 5 个数：1、0、i、π、e，紧紧联系到了一起。

欧拉是一位品德高尚的数学家。他曾与欧洲的 300 多名学者通信，在信中，常常毫无保留地把自己的发现和推导告诉给别人，为别人的成功创造条件。1750 年，19 岁的法国青年拉格朗日冒昧地给欧拉写信，讨论"等周问题"的解法。欧拉曾经长期苦心思索这个问题，当他发现这个法国青年的思路很有特色时，立即回信予以热情鼓励，并压下自己这方面的作品暂不发表。

尤其令人感动的是，欧拉有 400 多篇论文和许多数学著作，是在他完全失明的 17 年中完成的。

早在 1735 年，由于过度紧张地工作，欧拉害了一场病，导致了右眼失明。1766 年以后，他的左眼也失明了。欧拉默默地忍受着失明的痛苦，用惊人的毅力顽强拼搏，决心用自己闪光的数学思想，照耀他人深入探索的道路。每年，他都以 800 页的速度，向世界呈献出一篇篇高水平的科学论文和著作，还解决了一些著名数学难题。1771 年的一场大火,把欧拉的书库化为灰烬,也丝毫没有动摇这位数学巨人的决心。

欧拉也是一位热心的教育家。他不仅亲自动手为青少年编写数学课本,撰写通俗科学读物,还常常抽空到大学、中学去讲课。1770年,欧拉已经双目失明了,仍然念念不忘给学生们编写一本《关于代数学的全面指南》。

欧拉渊博的知识、高尚的品德、顽强拼搏的精神,赢得了人们广泛的尊敬。大数学家拉普拉斯曾谆谆告诫年轻人:"读读欧拉,读读欧拉,他是我们一切人的老师。"

欧拉在俄国生活了30多年。他积极将先进的科学知识传入长期闭塞落后的俄罗斯,创立了俄罗斯第一个数学学派——欧拉学派,亲手将一大批俄罗斯青年引进了辉煌的数学殿堂。俄罗斯人民至今仍深深地感激欧拉美好的情谊,在许多书籍里,都亲切地称欧拉是"伟大的俄罗斯数学家"。

1783年9月18日晚上,欧拉"停止了生命,也停止了计算"。消息传到圣彼得堡数学学校,全校师生失声痛哭;消息传到圣彼得堡科学院,全体教授停止工作,起立默哀;消息传到俄国王宫,女皇叶卡捷琳娜二世立即下令停止了当天的化装舞会;消息传到瑞士、德国、法国、英国,吊唁的信函雪片一样地飞来,几乎全欧洲的数学家,都向他们敬仰的老师欧拉遥致深切的哀悼。

欧拉一生中没有讲过一句豪言壮语,他的墓碑也同样质朴无华,上面只有短短的一行字:

彼得堡科学院院士　莱昂哈德·欧拉

数　学　王　子

　　高斯是近代数学的重要奠基者，也是历史上最伟大的数学家之一。

　　1777年4月30日，高斯生于德国的布伦瑞克城。这位罕见的数学奇才，用他辉煌的数学成就和异常敏捷的数学思维能力，给后世留下了许许多多近乎神话的传说。

高　斯

　　高斯的祖父是农民，父亲是个泥瓦匠，由于生活很贫困，压根儿就没打算送高斯去上学。然而，高斯惊人的数学天赋，很快就使父亲改变了主意。

　　相传在高斯3岁那年，有一天晚上，高斯的父亲在小油灯下计算一天的工钱，由于要分钱给一起干活的其他人，算了很久才算完，正当他准备收起账本时，一直坐在旁边玩耍的小高斯却说："爸爸，您算错了。"望着小高斯一本正经的样子，父亲半信半疑地核对了一遍账目,发现刚才果然算错了……

还有一个流传很广的故事说,高斯10岁那年,也曾用这种令人难以置信的数学能力,让他的老师惊讶得说不出话来。

有一天,数学老师为了让学生们整个上午都有事干,给他们布置了一道练习题,要他们把从1到100的各个整数都加起来。不料他刚解释完题目,高斯就把写有答案的小石板交了上来。老师很生气,以为这个全班年龄最小的学生准是瞎写了些什么,所以连看也没看。过了很久,别的学生才一个个把小石板叠放在上面。老师皱着眉头查看上面的石板,因为上面都涂抹得很脏,而且答案也错了。待他翻到最下面的那个石板时,不由得大吃一惊,石板上潦草地写着4个数字:5050。这正是题目的正确答案。

原来,小高斯发现:第一个数加最后一个数得101,第二个数加倒数第二个数也是101,题目中共有50对这样的数,因此,要算出答案,只要将101乘以50就行了。

数学老师激动地向学校报告了这件事情,还买了一本最好的算

公爵夫人感到不可思议

术书送给高斯。他甚至对人说已没有什么东西可以教给高斯了。

有一次，高斯边走路边看书，结果闯入了布伦瑞克公爵的花园。公爵夫人在盘问高斯时，发现这个小孩竟能弄懂书中许多深奥的道理，感到不可思议，赶紧告诉了公爵。公爵亲自考查了高斯，也很惊奇，认为这个天才的少年是布伦瑞克城的骄傲，决定资助他上大学深造。

1795 年，18 岁的高斯进入了著名的格丁根大学。入学不到 1 年，他就用惊人的数学创造轰动了整个欧洲。

1796 年 3 月 20 日，高斯只用直尺和圆规，作出了一个正 17 边形，解决了这个由古希腊人提出的，但延续 2000 多年未能解决的著名数学难题。也就是在这一天，高斯决定毕生致力于数学研究。

19 岁时，高斯又进一步研究了尺规作图理论，证明了一个著名的数学结论，告诉人们什么样的正多边形可以用直尺圆规作出，什么样的正多边形则不能。例如，正 7 边形、正 11 边形，它们的边数虽少，只用直尺圆规是作不出来的；而正 257 边形、正 65537 边形，它们的边数虽多，却一定能由直尺圆规作图法作出。后来，德国的赫尔梅斯教授用了 10 年时间，终于作出了一个正 65537 边形。据说，他关于作图方法就写了几百页纸，可以装满一提箱，至今仍保存在著名的哥廷根大学里。

19 岁时，高斯还发现了椭圆函数的双周期性，仅这一发现，也足以使他获得巨大的荣誉。

后来，高斯又率先证明了代数基本定理。一个方程究竟有多少个根呢？这是一个长期折磨数学家的著名难题。代数基本定理回答说，一元 n 次方程有也只可能有 n 个根。这是一个非常重要的定理。

牛顿曾试图证明它,但没有成功;拉格朗日等一大批著名数学家也曾试图证明它,也都没有成功。1799年,高斯在他的博士论文中,最先圆满地证明了这个定理。

年轻的高斯风靡了整个国际数学界,获得了"数学王子"的美称。有人曾把高斯形容为:"能从九霄云外的高度按照某种观点掌握星空和深奥数学的天才。"高斯自己可不这样看,他强调说:"假如别人和我一样深刻和持续地思考数学真理,他们会做出同样的发现的。"

勤奋地学习,勤奋地探索,勤奋地工作,这就是高斯成功的秘诀!由于高斯能不断地勤奋探索,所以能不断地做出惊人的发现。

高斯对天文学的研究也是颇有成就的。

1801年元旦的晚上,天文学家皮亚齐观察星空时,发现天空多了一颗会移动的星星,以为那是一颗没有尾巴的彗星。几个月后,这颗行星又神秘地消失在太阳的光芒之中。这一发现在欧洲引起了很大的轰动,有人在报纸上惊呼,星球将会相撞,世界的末日不远了。

当时,高斯才24岁,他经过几个星期艰苦卓绝的努力,根据很少的几个观测数据,算出了这颗小行星的运行轨道,并创立了行星椭圆轨道法。在这一年的除夕,人们在高斯预测的位置上,果然又重新找到了这颗小行星。第二年,高斯又算出了另一颗小行星的轨道。从此,小行星的行踪不再引起人们恐慌了。

"格丁根巨人"

高　斯

不久，高斯担任了格丁根大学天文台台长和数学教授。在他的努力下，格丁根大学渐渐成了世界闻名的数学研究中心。

高斯说过："数学是科学的皇后，数论是数学的皇后。"他不知疲倦地探索了数学的各个领域，最喜欢的学科就是数论。他关于数论方面的著作《算术研究》，不仅奠定了近代数论的基础，也是历史上最有代表性的数学作品之一。

高斯对自己的科学著作总是要求尽善尽美。他信奉的格言是"宁肯少些，但要好些"，不愿意把任何不完整的东西拿出去发表。所以，他有许多杰出的数学发现，都是他去世后人们在他的日记本里找到的。

例如，早在1816年，高斯就知道欧几里得的"第五公设"是不能被证明的，更进一步，他得到了一种新的几何——非欧几何的基本原理。但他没有公开自己的发现。10多年后，数学家鲍耶和罗巴切夫斯基各自独立做出了同样的发现，立即在几何王国里掀起了一场翻天覆地的革命。

1855年2月23日，高斯逝世于格丁根大学。人们为他建造了一座以正17棱柱为底座的纪念碑，以纪念他早年杰出的数学发现，纪念这位伟大的科学家。

殒落的新星

1832 年 5 月 30 日清晨，法国巴黎郊外进行了一场决斗。枪声响后，一个青年摇摇晃晃地倒下了。第二天一早，他就匆匆离开了人间，死时还不到 21 岁。死前，这个青年沉痛地说："请原谅我不是为国牺牲。……我是为一些微不足道的事而死的。"

这个因决斗而死去的青年，就是近代数学的奠基人之一，历史上最年轻的著名数学家伽罗瓦。

1811 年 10 月 25 日，伽罗瓦出生在法国巴黎附近的一个小镇上。小时候，伽罗瓦并未表现出特殊的数学才能，相反，他 12 岁进入巴黎的一所公立中学后，还经常被老师斥为笨蛋。

伽罗瓦当然不是笨蛋，他性格偏执，对学校死板的教育方式很不适应。渐渐地，他对很多课程都失去了兴趣，学习成绩一直很

伽罗瓦

一般。

在中学的第三年，伽罗瓦遇到了数学教师韦涅。韦涅老师非常善于启发学生思维，他把全副精力都倾注在学生身上，还常常利用业余时间去大学听课，向学生传授新知识。很快，伽罗瓦就对数学产生了极大的兴趣。他在韦涅老师的指导下，迅速学完了学校的数学课程，还自学了许多数学大师的著作。

不久，伽罗瓦的眼睛盯上了一道著名的世界数学难题：高次方程的求根公式问题。16世纪时，意大利数学家塔尔塔里亚和卡尔达诺等人，发现了三次方程的求根公式。这个公式公布后没两年，卡尔达诺的学生费拉里就找到了四次方程的求根公式。当时，数学家们非常乐观，以为马上就可以写出五次方程、六次方程，甚至更高次方程的求根公式了。然而，时光流逝了几百年，谁也找不出一个这样的求根公式。

这样的求根公式究竟有没有呢？在伽罗瓦刚上中学不久，年轻的挪威数学家阿贝尔已经做出了回答："没有。"阿贝尔从理论上予以证明，无论怎样用加、减、乘、除以及开方运算，无论将方程的系数怎样排列，它都决不可能是一般五次方程的求根公式。

阿贝尔率先解决了这个引人瞩目的难题。可是，由于阿贝尔生前只是个默默无闻的"小人物"，他的发明创造竟没有引起数学界的重视。

在失望、劳累、贫困的打击下，阿贝尔不满27岁就离开了人间，使他未能彻底解决这个难题。比如说：为什么有的特殊高次方程能用根

阿贝尔

式解呢？如何精确地判断这些方程呢？

1828 年，也就是阿贝尔去世的前一年，伽罗瓦也向这个数学难题发起了挑战。他自信找到了彻底解决的方法，便将自己的观点写成论文，寄呈法国巴黎科学院。

负责审查伽罗瓦论文的是柯西和泊松，他们都是当时世界上第一流的数学家。柯西不相信一个中学生能够解决这样著名的难题，顺手把论文扔在一边，不久就丢失了。

两年后，伽罗瓦再次将论文送交巴黎科学院。这次，负责审查伽罗瓦论文的是傅立叶。不巧，也就是在这一年，这位年迈的大数学家去世了。伽罗瓦的论文再一次给丢失了。

论文一再被丢失的情况，使伽罗瓦很气愤。这时，他已考进了巴黎高等师范学校，并得知了阿贝尔去世的消息，同时又发现，阿贝尔的许多结论，他已经在被丢失的论文中提出过。于是，在 1831 年，伽罗瓦向巴黎科学院送交了第三篇论文，题目是《关于用根式解方程的可解性条件》。

这一次，大数学家泊松仔细审查了伽罗瓦的论文。由于论文中出现了"代换群"等崭新的数学概念和方法，泊松感到难于理解。几个月后，他将论文退还给伽罗瓦，嘱咐写一份详尽的阐述送来。

可是，伽罗瓦已经没有时间了。

在大学里，伽罗瓦由于积极参加政治活动，被学校开除了。1831年 5 月和 7 月，他又因参加游行示威活动两次被捕入狱，遭受路易—菲利浦王朝的迫害，直到 1832 年 4 月 29 日，由于监狱里流行传染病，伽罗瓦才得以出狱。伽罗瓦恢复自由不到一个月，又有一个反动军官要求与他决斗……

决斗前夕，伽罗瓦预感到死亡即将来临，他匆忙将数学研究心得扼要地写在一张字条上，并附以自己的论文手稿，请他的朋友交给当时的大数学家们。伽罗瓦自豪地写道："你可以公开请求雅可比或者高斯，不是对这些东西的正确性，而是对它的重要性表示意见。我希望，今后能有人认识这些东西的奥妙，并做出恰当的解释。"

伽罗瓦自豪地写道……

1846 年，法国数学家刘维尔首先"认识这些东西的奥妙"，将它们发表在自己主办的刊物上，并撰写序言热情向数学界推荐。1870 年，法国数学家若尔当根据伽罗瓦的思想，写出了一部重要的数学著作，人们这才认识到伽罗瓦的伟大。

应用伽罗瓦理论，不仅高次方程求根公式问题得到了彻底的解决，而且阿贝尔定理、古希腊三大几何作图难题、高斯关于正多边形作图的定理等著名的数学难题，都变成了明显的推论或者简单的练习题。数学真理显示了强大的威力。

更重要的是,伽罗瓦理论的出现,改变了代数学的面貌。从这时起,方程论已经不是代数学的全部内容了,它渐渐转向了研究代数结构本身,并不断地向各个数学领域渗透。到 19 世纪末期,伽罗瓦开创的数学研究,形成了一门重要的数学分支——近世代数学。

　　这时,伽罗瓦已经去世多年了。他生前没有享受到他应当享有的巨大荣誉。

甜蜜的笛声

1950 年，美国数学会交给大数学家魏尔一个任务，请他将 20 世纪上半叶的数学发展做一番历史小结。

面对着不断涌现的数学分支，面对着浩如烟海的数学文献，不难想象，这是一个多么艰巨的任务。魏尔却说，完成这项任务可以非常简单。因为希尔伯特问题就是"一张航图"，在过去的 50 年里，数学家们经常按照这张航图来衡量数学的进步。因此，要总结 20 世纪上半叶数学发展的历史，只须对照希尔伯特问题，指出哪些问题已经解决，哪些问题已经部分解决，也就足够了。

魏尔的话颇有道理。在 20 世纪里，有许许多多的数学家，把解决希尔伯特问题，哪怕是解决其中很小的一个部分，都看作是一项极高的荣誉。

从 1936 年至 1974 年，被誉为数学界诺贝尔奖的菲尔兹国际数学奖，分别授给了 20 名优秀数学家，而其中，就至少有 12 人的工作与希尔伯特问题有关。1976 年，美国数学会评选出的十大数学成就，就有 3 项与希尔伯特问题有关。连世人皆知的著名难题"哥德巴赫猜想"，也与希尔伯特问题有关呢！

　　谁是希尔伯特？他提出了哪些数学问题，竟如此深刻地影响了 20 世纪上半叶的数学发展？

希尔伯特

　　希尔伯特是一位德国数学家。1862 年 1 月 23 日，希尔伯特出生于哥尼斯堡。这座古老而美丽的城堡，曾因七桥问题而名扬欧洲。可是，19 世纪时，那里的学校却很少传授数学知识，主要开设一些要求死记硬背的课程。希尔伯特上学后，由于不善于死记硬背，常常被人取笑，说他是一个反应迟钝的"乡下佬"。渐渐地，希尔伯特爱上了数学，因为他发现，学习数学根本用不着去死记硬背！

　　1880 年秋天，希尔伯特考上了哥尼斯堡大学，他不顾父亲的反对，毅然选择了数学专业。15 年后，他担任了格丁根大学的数学教授。

　　在当时最引人瞩目的几个数学领域里，希尔伯特都做出了卓越的贡献。例如在几何学里，欧几里得的《几何原本》曾一直被奉为至高无上的权威，忽然罗氏几何学出现了，否定了《几何原本》里一个最基本的结论，掀起了一场翻天覆地的革命；紧接着，黎曼几何学出现了，又展示了一条条叫人难以置信的数学真理……一贯以逻辑严谨著称的几何学里，一时间众说纷纭，极为混乱。是希尔伯特，把创造活力与逻辑力量神奇地结合起来，系统地提出形式化的公理方法，重新把几何科学推向了一个有条理的世界。希尔伯特由此发起的"公理化运动",还深刻影响了现代数学的发展。

不到40岁,希尔伯特已成为世界闻名的数学大师。他所在的格丁根大学,是著名数学家高斯长期工作过的地方,在希尔伯特等人的努力下,它重振雄风,又一次成为著名的世界数学研究中心,成为著名数学家的摇篮。诺特、魏尔、库朗、冯·诺依曼、维纳等一批20世纪第一流的数学家,都曾在格丁根大学学习或工作过。

1900年8月6日,第二届国际数学家大会在巴黎开幕了。大会的第三天,38岁的希尔伯特健步登上了讲台。

人们以为,这位天才的数学大师,一定会以一篇优异的数学论文,来回答国际数学界,作为他献给新世纪的礼物。不料希尔伯特一开口就问道:"有谁不想揭开未来的面纱,探索新世纪里我们这门科学

有谁不想揭开未来的面纱……

发展的前景和奥秘呢？我们下一代的主要数学思潮将追求什么样的特殊目标？在广阔而丰富的数学思想领域，新世纪将会带来什么样的新方法和新成就？"

这是一个多么激动人心的演讲啊。

希尔伯特认为："正如人类的每项事业都追求着确定的目标一样，数学研究也需要自己的问题。"重要问题历来是推动数学前进的杠杆之一，常常会导致数学新分支的诞生。

于是，希尔伯特向到会的200多名数学家，也向国际数学界提出了23个数学问题。这23个问题后来被称作"希尔伯特问题"。它们非常艰深，包括算术公理的相容性问题、哥德巴赫猜想等一批著名数学难题。有不少一般人连题目都看不懂。希尔伯特认为：它们是新世纪里数学家应当努力解决的。

希尔伯特的演说轰动了国际数学界，使这次大会成为数学史上一个重要里程碑。"希尔伯特就像穿杂色衣服的风笛手，用那甜蜜的笛声诱惑了如此众多的老鼠，跟着他跳进了数学的深河。"

大批数学家投入到解决希尔伯特问题的激流中来。在希尔伯特发表演说的当年，他的学生马克斯·德思就率先解决了第三问题。100多年来，大约有一大半的问题获得了圆满的解决，有几个问题比较笼统，难以断定解决与否，但仍有约1/3的问题悬而未决，继续考验着数学家们的智慧和意志。

希尔伯特是一位出色的"风笛手"。像他那样自觉而集中地提出一大批问题，持久而深刻地影响一门科学发展的人，在整个科学史上都是极为罕见的。

抽象代数之母

1916年,应著名数学家希尔伯特和克莱因的邀请,一位34岁的女数学家来到了数学圣地格丁根。不久,她就以希尔伯特教授的名义,在格丁根大学讲授有关的数学课程。尽管她讲课技巧不怎么高明,既匆忙又不连贯,但她深刻的数学思想,丰富的数学知识,很快就吸引了许多学生。

希尔伯特十分赏识这个年轻人的才能,想帮她在格丁根大学找一份正式的工作。当时,格丁根大学没有专门的数学系,数学、语言学、历史学都划在哲学系里,聘请教师必须经过哲学教授会议批准。希尔伯特的努力遭到教授会议中语言学家和历史学家的极力反对,他们出于对妇女的传统偏见,连聘为"私人讲师"这样的请求也断然拒绝。

希尔伯特屡次据理力争都没有结果,他气愤极了,在一次教授会议上愤愤地说:"我简直无法想象候选人的性别竟成了反对她升任讲师的理由。先生们，别忘了这里是大学而不是洗澡堂！"

希尔伯特的鼎鼎大名，也没能帮这位女数学家敲开格丁根大学的校门。不过，那些持反对意见的先生们，很快就为自己的错误决定羞愧得无地自容。因为仅仅只过了几年的时间，这位遭受歧视、只能以别人名义代课的女性，就用一系列卓越的数学创造，震撼了格丁根，震撼了整个世界数学界，跻身于20世纪初著名数学家的行列。

这位杰出的女数学家就是埃米·诺特。

大科学家爱因斯坦曾经高度评价诺特的工作，称赞她是"自妇女接受高等教育以来最杰出的富有创造性的数学天才"。爱因斯坦指出，凭借诺特所发现的方法，"纯粹数学成了逻辑思想的诗篇"。

诺特的名字频繁出现在现代数学论文的标题里，甚至成为高级研究席位的名称。迄今为止，还没有一位女数学家受到人们如此的崇敬。她是历史上最伟大的女数学家。

诺特生活在公开歧视妇女发挥数学才能的制度下，她通往成功的道路，比别人更加艰难曲折。

1882年3月23日，诺特出生在德国埃尔兰根一个犹太人家庭，父亲是埃尔兰根大学有名的数学教授。著名的"不变式之王"戈尔丹教授是她父亲的密友，常来她家作客。在他们的影响下，诺特对数学充满了热情。

诺 特

诺特小时候眼睛就高度近视，她不喜欢打扮自己，在女子中学读书时，对那些女子教育课，什么钢琴呀，跳舞呀，都不感兴趣。

她想：女孩子为什么就不能成为数学家呢？

1902年冬天，18岁的诺特考进了埃尔兰根大学。当时，大学里不允许女生注册，女生顶多只有自费旁听的资格。大学的几百名学生中只有两名女生，诺特大大方方地坐在教室前排，认真地听课，刻苦地学习，后来，她勤奋好学的精神感动了主讲教授，破例允许她与男生一样参加考试。1903年7月，诺特顺利通过了毕业考试，但男生们都取得了文凭，而她却成了一个没有文凭的大学毕业生。

诺特不在乎那些写在纸上的文凭，她觉得，学到真正本领才是顶重要的。毕业这年的冬天，她来到著名的格丁根大学，旁听了希尔伯特、克莱因、闵可夫斯基等数学大师的讲课，感到大开眼界，大受鼓舞，益发坚定了献身数学研究的决心。

不久，诺特听到了埃尔兰根大学允许女生注册学习的消息，立即赶回母校去专攻数学。1907年12月，她以优异的成绩通过了博士考试，成为第一位女数学博士。此后，她在大数学家戈尔丹、费耶尔的指引下，在数学的不变式领域做了深入的研究。

1916年，诺特应邀第二次来到格丁根大学，以希尔伯特的名义讲授不变式课程。不到两年的时间，她就在希尔伯特等人的思想影响下，发表了两篇重要论文。在一篇论文里，诺特为爱因斯坦的广义相对论给出了一种纯数学的严格方法；而另一篇论文里有关"诺特定理"的观点，已成为现代物理学中的基本问题。就这样，诺特以她出色的科学成就，迫使那些歧视妇女的人也不得不于1919年准许她升任讲师。

此后，诺特走上了完全独立的数学道路。1921年，她从不同领域的相似现象出发，把不同的对象加以抽象化、公理化，然后用统一的方法加以处理,完成了《环中的理想论》这篇重要论文。

这是一项非常了不起的数学创造,它标志着抽象代数学真正成为一门数学分支,或者说标志着这门数学分支现代化的开端。诺特也因此获得了极大的声誉,被誉为是"现代数学代数化的伟大先行者""抽象代数之母"。

诺特一生都没有结婚,但她却将慈母一样的爱,倾注到向她学习数学的年轻人身上。在诺特周围,成长起了一批优秀的代数学家,其中,荷兰的范德瓦尔登、法国的厄布朗、日本的正田建次郎,以及我国的曾炯之教授,又将她深邃的思想带到了世界各地。1930 年,范德瓦尔登系统总结了整个诺特学派的成就,出版了《近世代数学》一书,顿时风靡了世界数学界。一位著名数学家回忆青年时代见到这本书的情形时说:"看到这个在我面前展示的新世界,我简直惊呆了。"

1932 年,诺特的科学声誉达到了顶点。在这年举行的第九届国际数学家大会上,诺特作了长达 1 个小时的大会发言,受到了广泛的赞扬。

然而,巨大的声誉并未改善诺特艰难的处境。在不合理的制度下,灾难和歧视像影子一样缠住了她。

1922 年,由于著名数学家希尔伯特等人的推荐,诺特终于在清一色的男子世界——格丁根大学取得了教授称号。不过,那只是一种编外教授,没有正式工资,于是,这位历史上最伟大的女数学家,只能从学生的学费中支取一点点薪金,来维持极其简朴的生活。

在德国法西斯眼里,犹太民族是下等民族,诺特也因此备受歧视。1929 年,一些人声称不愿同"犹太女人"生活在同一个屋顶下,竟将诺特撵出了她居住的公寓。

希特勒上台后，对犹太人的迫害达到无以复加的程度。1933 年 4 月，法西斯当局竟然剥夺了诺特教书的权利，将一批犹太教授逐出了校园。格丁根学派也从此一蹶不振。

后来，诺特乘船去了美国，1935 年 4 月 14 日不幸死于一次外科手术，年仅 53 岁。

电子计算机之父

  1946 年 2 月 15 日，在美国宾夕法尼亚大学，世界上第一台电子计算机 ENIAC 正式投入了运行。在隆重的揭幕仪式上，ENIAC 表演了它的"绝招"：在 1 秒钟内进行 5000 次加法运算；在 1 秒钟内进行 500 次乘法运算。这比当时最快的电器计算机的运算速度要快 1000 多倍。全场起立欢呼，欢呼科学技术进入了一个新的历史发展时期。

  然而，从技术上讲，ENIAC 尚未正式运行也就几乎过时了。因为在它正式运行之前，一份新型电子计算机的设计报告，又在计算机发展史上树起了一座新的里程碑！

  这份设计报告的起草人，就是 20 世纪天才的数学大师之一、美籍匈牙利裔数学家冯·诺伊曼。

  1903 年 12 月 28 日，冯·诺伊曼诞生于匈牙利的布达佩斯市。他从小就显示出惊人的数学天赋，相传在 6 岁时就能心算 8 位数除法，8 岁时就掌握

冯·诺伊曼

了微积分,12岁时竟读懂了一部高深的数学著作《函数论》的大意!后来,冯·诺伊曼在"匈牙利数学之父"费耶尔的指导下,接受了严格的数学训练。18岁时,他与指导老师合作,在国外的杂志上发表了第一篇数学论文。

1926年,冯·诺伊曼几乎同时毕业于两所大学:在苏黎世高等技术学院获得"化学工程"文凭;在布达佩斯大学获得数学博士证书。

1930年,冯·诺伊曼到了美国,被聘为普林斯顿大学的访问教授。3年之后,年仅30岁的冯·诺伊曼与大科学家爱因斯坦一道,成为普林斯顿高级研究院的首批常任成员。

与冯·诺伊曼一起工作过的人,一致公认他才智过人。他的老师、数学家波伊亚说:"冯·诺伊曼是我唯一感到害怕的学生,如果我在讲演中列出一道难题,那么当我讲演结束时,他总会拿着一张潦草写就的纸片说已把难题解出来了。"有一次,一个数学家对一个问题的5种情况分别用手摇计算机算了一个通宵,第二天去请教冯·诺伊曼,结果他只用7分钟就算出了全部的答案,接着,冯·诺伊曼思考了半个小时,又发现了一种更好的简捷算法。

不过,冯·诺伊曼的妻子却认为他"一点几何头脑也没有"。有一次,她让冯·诺伊曼去取一杯水,冯·诺伊曼在这幢房子里生活了17年,竟弄不清杯子放在什么地方,他转了半天,又走回来问妻子玻璃杯放在哪里……对生活琐事的心不在焉,从另一个侧面反映了他对科学研究的专注。冯·诺伊曼研究问题时精神高度集中,因而能敏锐地抓住问题的本质。

1940年以前,冯·诺伊曼对数学的贡献集中在纯粹数学方面。

他曾称雄"算子环"领域达 20 年之久,一直是这个领域内无可争辩的世界权威;他的另一项辉煌的科学成就,是部分解决了希尔伯特第 5 问题,为完全解决这一著名数学难题做出了重大贡献。

1940 年,冯·诺伊曼积极投身于反法西斯战争的洪流,开始了由纯粹数学家到杰出应用数学家的转变过程。在战争年代,他先后被聘为美国海军兵工局等许多单位的顾问,还直接参与了核武器的研制工作,为设计原子弹的最佳结构提出了许多重要建议。

冯·诺伊曼有一个突出的优点,就是善于把人们认为不能用数学处理的实际问题加以公理化、系统化,将抽象的数学理论巧妙地应用于实际生活领域。比如一次几十名商人参加的交易会,商人们都会谋求有利于自己的最优策略,其数学复杂程度远远超过了太阳系行星的运动,冯·诺伊曼敢于知难而进,用一系列的数学创造揭示这类现象的规律,从而奠定了对策论这门数学分支的基础。

冯·诺伊曼对计算机科学的贡献,尤其为人们所赞赏。有趣的是,将他引向这个领域却纯粹是一个偶然的机会。

1944 年夏天,冯·诺伊曼在一个火车站候车时,偶然遇见了 ENIAC 研制小组的负责人之一——格尔斯坦中尉。当时,冯·诺伊曼正为原子弹实验中遇到的大量计算问题而苦恼,比如有关原子核裂变反应过程问题,需要进行数十亿次初等算术运算,上百名女计算员用台式计算机日夜不停地工作,仍然不能按时完成任务。在与格尔斯坦中尉闲聊中,冯·诺伊曼听到了 ENIAC 正在研制的消息,立刻理解了这项工作的深远意义。不久,他就成了研制小组的常客,并对一些关键问题的解决做出了贡献。

少儿科普名人名著书系

冯·诺伊曼

那时候,ENIAC 的研制工作已经接近尾声,冯·诺伊曼与大家一起集中讨论了 ENIAC 的不足之处。1945 年 3 月,他起草了一份"离散变数自动电子计算机"的设计报告,对 ENIAC 做了两项重大的改进。

一项改进是将十进制改为二进制,从而大大简化了计算机的结构和运算过程;另一项改进是将程序与数据一起存贮在计算机内,使得电子计算机的全部运算成为真正的自动过程。

这份设计报告是计算机结构思想一次最重要的改革,标志着电子计算机时代的真正开始。连一向专搞理论的普林斯顿高级研究院,也破例批准了冯·诺伊曼的研制工作。从此,他那崭新的设计思想,深深地烙记在现代电子计算机的基本设计之中。西方科学家们对冯·诺伊曼的工作给予了极高的评价,尊他为"电子计算机之父"。

后来,冯·诺伊曼又进一步研究了自动机理论,他用惊人的毅力克服癌症带来的病痛,探索了计算机和人脑机制的类似现象。不幸的是,1957 年 2 月 8 日,《计算机与人脑》的讲稿尚未写完,冯·诺伊曼便被骨癌夺去了生命。

冯·诺伊曼给世界留下了丰富的科学遗产。他是 20 世纪最多产的科学家之一,在理论物理学、经济学、气象学等许多科学领域,也都留有他辛勤耕耘的足迹。例如他早年撰写的《量子力学的数学基础》一书,首次将量子力学纳入严格的数学系统,至今仍是理论物理学的经典著作;他撰写的《博奕论与经济行为》,深刻影响了约翰·纳什与约翰·海萨尼的研究,奠定了他们荣获 1994 年的诺贝尔经济学奖的基础。专家们指出:"如果按年代先后去探讨冯·诺伊曼的个人志向和学术成就,那就等于探讨了过去 30 年来科学发展史的概要。"

谁是布尔巴基

20世纪40年代,法国数学界升起了一颗璀璨夺目的新星——布尔巴基。

布尔巴基充满创造活力,几乎每一年里,他都要向世界奉献出一卷新的《数学原本》。这套书博大精深,不仅涉及了现代数学的各个领域,概括一些最新的研究成果,而且将人类几千年里积累起来的数学知识,按结构重新组织成一个井井有条的新体系。有人说,这个体系连同布尔巴基对数学的贡献,已经无可争辩地成为现代数学的重要组成部分,成为20世纪数学科学的主流。

布尔巴基的成就,恢复了法国数学历史上的光荣。有趣的是,在法国数学界,数学家们却无缘一睹这位数学新星的风采。

布尔巴基先生迟迟不肯露面,《数学原本》的出版商对他的行踪也守口如瓶。到后来,这位大名鼎鼎的数学家究竟是谁,竟成了一个有趣的"谜"。

1950年，布尔巴基终于露面了，他在一篇文章里自我介绍说："布尔巴基教授，原来在波达维亚皇家学院工作，现在定居于法国南希……"可是，波达维亚根本就没有一个叫布尔巴基的人。

布尔巴基不断地与人们恶作剧。有一次，数学家波亚斯（Boas）为大英百科全书撰写布尔巴基这个条目时，宣称布尔巴基是一个小组，结果招致布尔巴基的强烈抗议。他还散布舆论说，波亚斯是一群编辑的假名，是 B、O、A、S 的组合，弄得波亚斯先生哭笑不得。

1968年，布尔巴基散发了一个笑话百出的讣文，宣称他已于11月11日在自己的庄园中逝世了。

也许，这是布尔巴基的最后一次恶作剧。就在这一年，一次题为《布尔巴基的事业》的演讲，终于揭开了布尔巴基身世之谜。原来，布尔巴基果然不是一个人，而是一群杰出的法国数学家，是一个富有创造活力的集体。

布尔巴基的事业，起源于一批立志振兴法国数学的年轻人。

1924年，一群优秀的法国青年考上了巴黎高等师范学校。这里是法国的最高学府。一批著名老教授热情地拥抱了他们，并亲自给他们讲授一年级的课程。可是，这群年轻人并不满足。他们感到奇怪："年轻的数学家全都上哪去了？"

原来，法国数学界出现了一代人的空缺。第一次世界大战时，法国政府把大学生全都赶上了前线，结果给法国的科学事业造成了灾难性的破坏。仅巴黎高等师范学校，就有 2/3 的学生成了这次大战的牺牲品。讲台上的这些老教授，的确都非常有名，但是，他们知道的只是 19 世纪的数学，对当代数学只有一些模糊的概念。

很明显，法国数学落伍了。这群年轻人决心担负起振兴法国数学的历史责任，于是就组织了一个叫作"布尔巴基"的团体。

布尔巴基有一条不成文的规定，谁要是超过了 50 岁，他就必须自动退出前台，让位给青年人。所以，布尔巴基能在成员的不断流动中，长久地保持着青年人的朝气，保持着创造的活力。实际上，布尔巴基并没有什么成文的组织章程，青年人只要具备有广博而扎实的数学素养，善于独立思考，都可以成为布尔巴基的正式成员。当然，他也必须经得起布尔巴基大会的特殊考验。

布尔巴基大会每年举行二三次。在每次会议上，都要讨论《数学原本》的写作计划。会议大致确定出一卷书分多少章，每章写哪些专题后，就委派某个自愿者在会后去撰写初稿。

初稿完成后，必须在大会上一字不漏地大声宣读，接受毫不留情的批评，它常常引起一场针锋相对的争论。这时，年龄、资历、声望，统统起不了作用，即使对方是蜚声全球的数学家，初出茅庐的小伙子也敢同他争个脸红脖子粗。等到争论平息下来，大家又心平气和地发出微笑时，经过几年辛苦写成的稿子往往已被批得体无完肤，于是，再委派新的自愿者去撰写第二稿。

从开始写作到书印出来，一卷《数学原本》一般都要这样重复五六次，谁也说不清它的作者究竟是谁。如果有谁在大会上沉默不语，那么，他就不用指望下一次会被邀请参加了。

布尔巴基从诞生之日起，就立志走一条前人没有走过的路，决心用现代数学的观点整理全部数学，建立起一个统一的数学体系。

要完成这样一个宏大的计划，就要求每个数学家"必须有适应一

布尔巴基大会

切数学的能力"。布尔巴基的成员们,对于大会委派给自己的课题,往往是"一无所知",但他们都乐意接受,并尽力克服困难去努力完成。

由于他们不知满足地积极学习各种数学知识,所以能不断地取得新的成就。从1950年到1966年,共有4位法国学者荣获菲尔兹国际数学奖,其中就有3位是布尔巴基的成员。布尔巴基的早期成员韦伊、迪厄多内、嘉当等人,都已成长为世界闻名的数学大师。

由于几代法国数学家长期而卓有成效的合作,布尔巴基已成为20世纪最有影响的学派之一。当初,布尔巴基曾计划在3年内完成《数学原本》的写作。而实际上,从1939年《数学原本》第一卷问世起,到1973年,这套"关于现代数学的综合性丛书"已经出版了36卷,而且仍未宣布写完。真是初生的牛犊不怕虎。因此,有人设想,在当初,如果他们的年纪再大一些,知识再丰富一些,经验更多一些,那么,布尔巴基的事业也许就永远也不会开始了。

数学纵横谈 ⇒

数学是什么

什么是数学？有人说："数学,不就是数的学问吗？"

这样的说法可不对。因为数学不光研究"数",也研究"形",大家都很熟悉的三角形、正方形,也都是数学研究的对象。

历史上,关于什么是数学的说法更是五花八门。有人说,数学就是关联;也有人说,数学就是逻辑,"逻辑是数学的青年时代,数学是逻辑的壮年时代"。

那么,究竟什么是数学呢？

恩格斯站在辩证唯物主义的理论高度,通过深刻分析数学的起源和本质,精辟地做出了一系列科学的论断。根据恩格斯的观点,较确切的说法就是:数学——研究现实世界的数量关系和空间形式的科学。

数学可以分成两大类:一类叫纯粹数学,一类叫应用数学。

纯粹数学 也叫基础数学,专门研究数学本身的内部规律。中小学课本里介绍的代数、几何、微积分、概率论知识,都属于纯粹数学。纯粹数学的一个显著特点,就是暂时撇开具体内容,以纯粹形式研究事物的数量关系和空间形式。例如研究梯形的面积计算公式,至于它是梯形稻田的面积,还是梯形机械零件的面积,都无关紧要,大家关心的只是蕴含在这种几何图形中的数量关系。

应用数学 则是一个庞大的系统,有人说,它是我们的全部知识中,凡是能用数学语言来表示的那一部分。应用数学着眼于说明自然现象,解决实际问题,是纯粹数学与科学技术之间的桥梁。大家常说现在是信息社会,专门研究信息的"信息论",就是应用数学中一门重要的分支学科。

数学有3个最显著的特征。

高度的抽象性 是数学的显著特征之一。数学理论都具有非常抽象的形式,这种抽象是经过一系列的阶段形成的,所以大大超过了自然科学中的一般抽象,而且不仅概念是抽象的,连数学方法本身也是抽象的。例如,物理学家可以通过实验来证明自己的理论,而数学家则不能用实验的方法来证明定理,非得用逻辑推理和计算不可。

体系的严谨性 是数学的另一个显著特征。数学思维的正确性表现在逻辑的严谨性上。早在2000多年前,数学家就从几个最基本的结论出发,运用逻辑推理的方法,将丰富的几何学知识整理成一门严密系统的理论,它像一根精美的逻辑链条,每一个环节都衔接得丝丝入扣。所以,数学一直被誉为是"精确科学的典范"。

广泛的应用性 也是数学的一个显著特征。宇宙之大,粒子之微,火箭之速,化工之巧,地球之变,生物之谜,日用之繁,无处不用数学。20世纪里,随着应用数学分支的大量涌现,数学已经渗透到几乎所有的科学部门。不仅物理学、化学等学科仍在广泛地享用数学的成果,连过去很少使用数学的生物学、语言学、历史学等,也与数学相结合形成了内容丰富的生物数学、数理经济学、数学心理学、数理语言学、数学历史学等边缘学科。

各门科学的"数学化",是现代科学发展的一大趋势。

世界数学史分期

数学，是一门十分古老的基础学科。远在人类社会发展的最初阶段，在人类尚未发明出文字来记录自己的思想之前，最基本的一些数学概念就已经产生了。

数学，又是一门充满青春活力的基础学科。现代科学技术的飞速发展，向数学家提出了大量新的研究课题，促使数学家去创造新的数学手段，构筑新的数学模型。新的数学分支正雨后春笋般地涌现。

整个数学发展的历史，大体上可分成 5 个阶段，即数学萌芽时期、初等数学时期、变量数学时期、近代数学时期和现代数学时期。

数学萌芽时期 （ —前 600 年）

数学的萌芽时期是一个漫长的历史过程。远古时期，由于生产力水平极其低下，数学的发展也极为缓慢，几乎每一个数学概念的形成，每一个数学公式的建立，都经历了上百年，甚至上千年的反复实践过程。

至公元前十几世纪时，生活在中国、埃及、巴比伦等文明古国的人们，已经在创造性的劳动实践中，积累了丰富的数学知识。

在数学萌芽时期里，算术和几何这两门古老的数学分支都已获得初步的发展。但是，这一时期的数学知识是零碎的，是一些闪光的但相互之间缺少联系的宝贵思想；虽然人们能够用正确而有系统的步骤去解决实际问题，但往往只满足于讲述解题的步骤，没有考察之所以能这样做的依据。由于没有严谨的数学理论，所以，数学尚未成为一门真正意义上的科学。

初等数学时期（前 600 年—17 世纪中叶）

公元前 600 年到公元前 300 年，在西方数学史上叫作希腊古典数学时期。在这 300 年里，古希腊人在古埃及和古巴比伦文明的基础上，进一步探索了数学的奥秘。他们强调数学必须研究抽象概念，坚持赋予数学定理以严格的理论证明，引导数学摆脱狭隘经验的束缚，进入了一个新的发展时期。

公元前 3 世纪时，古希腊著名数学家欧几里得（约前 330—前 275），在世界数学名著《几何原本》

欧几里得

欧几里得

里独创了一种陈述方式：他首先精心选择出 10 个公理，作为全部数学推理的基础；然后运用逻辑推理的方法，由简至繁地证明了 467 个最重要的数学定理，使得古代零碎的几何学知识，成为一门系统而严谨的科学理论。《几何原本》的问世，标志着几何学已经成为一门演绎的科学，并对西方数学的发展产生了极其深远的影响。

公元前后，另一部世界数学名著《九章算术》的问世，则标志着中国古代完整的数学体系已经形成。书中结合典型例题系统地介绍数学理论和方法，反映了中国古代数学一贯注重实际应用的传统，对中国数学以及一些东方国家数学的发展产生了深刻的影响。至宋元时期，中国古代数学有了一套严谨的系统和完备的算法，从而达到光辉的顶点。

12 世纪前后，如同中国古代的四大发明通过阿拉伯人才传入欧洲一样，大量的古代希腊、印度的数学著作，通过阿拉伯人传入了仍在中世纪黑暗中徘徊的欧洲，给现代欧洲文明的兴起施加了巨大的影响，激发了欧洲人民深入探索数学奥秘的愿望……

至 16 世纪时，包括算术、初等代数、初等几何和三角学的初等数学，已经大体上完备了。

变量数学时期（17 世纪中叶—19 世纪 20 年代）

17 世纪 30 年代，法国数学家笛卡儿（1596—1650）、费马（1601—1665）创立的解析几何学，像一声嘹亮的号角，宣告了一个新的数学发展时期的到来。

在解析几何学中，笛卡儿把变量的概念引进了数学。他用代数中的数来刻画几何中的点，把几何曲线理解为动点运动的轨迹，而运动着的点又可以用一系列变化着的数来刻画，于是，"运动进入了数学"。

这是一个伟大的转折，标志着人们对数学的认识经历了一次巨大的飞跃，变量数学也就随之跃上了历史舞台。

对变量的研究导致了函数概念的产生，紧接着，一个空前伟大的数学创造——微积分，又揭开了数学发展史上极其光辉的一页。

英国数学家牛顿（1643—1727）和德国数学家莱布尼茨（1646—1716）是微积分的重要奠基者。

微积分的出现，极其深刻地影响了科学技术的发展，为人类探索大自然的奥秘提供了强有力的武器。18世纪里，微积分知识在应用中获得巨大的扩展，达到了空前灿烂的程度。微分方程、积分方程、变分法、函数论等新的数学分支喷泉般涌现，与微积分一起形成了一个庞大的数学基础部门，把数学王国点缀得更加精彩纷呈。

在这一时期，射影几何、概率论、数论等数学分支也获得了较大的发展。

近代数学时期（19世纪20年代—20世纪40年代）

19世纪20年代，革命狂飙席卷了整个数学王国。

在几何学领域，俄国数学家罗巴切夫斯基（1792—1856）、匈牙利数学家鲍耶（1802—1860）和德国数学家高斯（1777—1855），破除几千年来"只可能有一种几何"的传统观念,先后独立地发现了一种新的几何学——非欧几何学。

1854 年,德国数学家黎曼(1826—1866)通过否定平行公理的"存在性",又创立了一种新的非欧几何学,叫作黎曼几何学。

这场几何学革命对现代数学的发展影响极其深远。

在代数学领域,由于法国青年数学家伽罗瓦(1811—1832)引入了"群"的概念,代数学"获得了全新的原动力"。

群论的出现改变了代数学的面貌。从此,古老的方程论不再是代数学的全部内容,代数学渐渐转向研究代数系统结构本身。到 19 世纪末期,伽罗瓦开创的数学研究,形成了一门重要的数学分支——近世代数学。

在数学分析领域,捷克数学家波尔察诺(1781—1848)、法国数学家柯西(1789—1857)和德国数学家魏尔斯特拉斯(1815—1897)等人,发起了一场对微积分的"批判运动"。经过半个多世纪的努力,数学家终于建立了严格的极限理论,进而将数学分析置于实数的严格基础之上。

在这一时期,复变函数论、拓扑学、数理逻辑、泛函分析等重要数学分支也有很大的发展。

现代数学时期（20 世纪 40 年代—　）

现代数学一个突出的特点,是应用数学涌现出大量的分支学科。

规模空前的第二次世界大战,提出了许多需要限时限刻解决的数学问题。随着大批有正义感的数学家投身于反法西斯战争的洪流，数学知识在应用中获得极大的扩展，运筹学、规划论等应用数学分支应运而生，有力地支持了反法西斯战争。战后，数学继续向技术、经济和生物等科学分支渗透，又涌现出控制论、信息论等一大批活跃的应用数学分支学科。如今，在所有的科学领域都能见到应用数学的踪迹。

电子计算机是现代科学技术的骄傲，围绕它迅速形成了一门庞大的计算机科学。目前，计算机的研究正朝人工智能方向发展，可以预计：几千年来一张纸、一支笔、一个脑袋研究数学的局面，不会维持太久了。

在现代数学时期，纯粹数学的各个分支也都获得了巨大进展，一批著名的数学难题得以圆满解决，而且还涌现出非标准分析、模糊数学、突变理论等新的数学分支。

各门数学分支相互融合、相互渗透，错综复杂地交织在一起，产生出大量新的数学分支，这也是现代数学的一大特点。

数学正在向未来延伸。有位著名数学家指出：数学将会变成一张结构精密细致、交织得错综复杂而又彼此紧密联系的网，为分析和理解世界上各种现象提供更有力的手段。

中国数学史分期

中国数学源远流长，在世界数学史上独树一帜。它不仅深刻影响过日本、朝鲜等邻国数学的发展，也为推动世界数学的发展做出了重要的贡献。

由于中国很早就进入了封建社会，后来又长期停滞在专制制度之中，数学发展速度与世界各国不尽相同。整个中国数学发展的历史大体上可以分成6个阶段，即先秦萌芽时期、汉唐始创时期、宋元全盛时期、西方数学传入时期、近代数学时期和现代数学时期。

先秦萌芽时期 （ —前200年）

古老的神州大地是数学的发祥地之一。

在浙江余姚河姆渡，在陕西西安半坡，在许许多多原始社会遗址中出土的大量文物，都充分证实了我们远古祖先的数学创造天才。"隶首作数""倕为规矩""大桡作甲子"等远古神话传说，也不时透露出一鳞半爪的消息，表明中国人民很早就在创造性的劳动实践中，积累了丰富的数学知识。

相传生活在4000年前的大禹，已经娴熟地使用规、矩这两样简单而神奇的数学工具，在制服水患的斗争中大建奇功。后来，生活在公元前11世纪的商高，又对"用矩之道"做了一次精彩的理论总结。

记数方法是数学运算的基础，据甲骨文记载，早在三四千年前，中国人民就已率先在世界上采用了十进位值制的记数方法，以后又发明用算筹来记数，使记数方法更趋完善。

《易经》《孙子兵法》等古代典籍里，已蕴含着组合数学、运筹学的思想萌芽。

公元前4世纪左右，著名的思想家墨子（约前468—前376），为建立抽象的数学理论做了可贵的尝试。《墨经》中关于几何问题的学说，包含着精当的数学概念、严密的逻辑推理和深刻的数学思想。

汉唐始创时期（前200年—1000年）

西汉时期，古代数学名著《九章算术》的问世，标志着中国古代完整的数学体系已经形成，成为世界数学发展史上一座重要的里程碑。

《九章算术》中最早系统地阐述了分数的约分、通分和四则运算法则；最早提出正、负数概念，并最早系统地叙述了正负数的加减法则;最早提出了线性方程组概念,并最早系统地总结了一次方程组的解法……这一系列的"世界之最",反映出中国古代数学那时已经取得了在全世界领先发展的地位。

《九章算术》中结合具体问题来阐述数学理论、重视数值计算、将几何问题转化为代数问题来解决、几何学内容以勾股为中心等,都鲜明地体现了中国古代数学的特点,并极其深刻地影响了东方国家的数学发展。

3世纪,数学家刘徽(约225—295)通过注释《九章算术》,更加深入地探索数学的一般原理,标志着一个以理论为主的高峰时期开始形成。刘徽在世界上首创十进小数的记法,并创立"割圆术",最先将圆周率精确到3.1416。

5世纪,数学家祖冲之(429—500)又更上一层楼。他将圆周率精确到小数点后第7位,并将这项"世界纪录"保持了1000多年。

这一时期的主要数学成就,概括在《周髀算经》《九章算术》《海岛算经》《孙子算经》《张丘建算经》《五曹算经》《五经算术》《辑古算经》《缀书》和《夏侯阳算经》"算经十书"中。

宋元全盛时期 (1000 年—14 世纪初期)

13世纪中叶,已经领先于世界发展1000多年的中国古代数学,开始进入高峰时期。秦九韶(约1208—约1261)、杨辉(生活在13世纪中期)、李冶(1192—1279)、朱世杰(生活在1300年前后)等中华民族的骄子，都是当时世界上最优秀的数学家。

在这一时期，代数问题是数学研究的中心内容，主要成就有高次方程数值解法、"大衍求一术""天元术"等。

中国数学家发明的高次方程数值解法，是代数学发展史上一项重要成就。1247年，著名数学家秦九韶又进一步研究了增乘开方法，并把这种高次方程数值解法发展到适合任意次的一般方程。而国外直到19世纪初期，才有人做出同样的发现。

秦九韶撰写的《数书九章》是一部划时代的数学巨著，书中提到的"大衍求一术"，也是一项具有世界意义的卓越贡献。这种一次同余式组的科学解法，国外直到19世纪，才由著名数学家高斯做出同样的发现。

南宋数学家杨辉是世界上把"幻方"当作数学问题来研究的第一人。

12世纪前后，一种半符号式代数在中国北方地区逐渐发展了起来。这种半符号式代数就是"天元术"。运用天元术解题时，首先要"立天元一为某某"，相当于现在的"设x为某某"。1248年，著名数学家李冶对天元术做了系统的总结，并将它改进成一种简捷的固定形式。

天元术也是当时世界数学的最高成就。14世纪初期，元代数学家朱世杰又更上一层楼，创立了"四元术"，将这种半符号式代数由一元推广到了四元。运用"四元术"，能够解答四元以及四元以下的高次方程组，欧洲直到18世纪，才有人发现同样的方法。

这一时期的著名数学家还有沈括、贾宪、刘益、郭守敬等。

西方数学传入时期（14 世纪初期—19 世纪中叶）

全盛时期以后,中国数学的发展速度明显地放慢了下来。

在朱世杰以后的 300 年里,数学理论少有创新,古代数学遗产也没能得到很好的继承和发扬。在这一阶段，最大的成就是珠算的发明,商业数学有了较大的发展和普及。

16 世纪前后,随着大批欧洲传教士来华传教,西方数学逐渐传入了中国。

明末数学家徐光启（1562—1633）是积极倡导引进西方数学的第一人。1606 年秋,他与意大利传教士利玛窦合作,翻译了古希腊数学名著《几何原本》的前 6 卷,开启了中西学术交流的大门。

徐光启

数学家们纷纷研究西方数学,并且回过头来整理传统数学。其中成就最大的是清初的梅文鼎（1633—1721）家族。梅文鼎融中西方数学于一炉,并有所创新,他撰写的《笔算》是中国第一部自著笔算著作。遗憾的是,在徐光启死后不久,译述西方数学的工作就中断了。

中国再一次大规模吸收西方数学,已是 19 世纪中叶的事了。其中最有成就的数学家是李善兰（1811—1882）。

李善兰是中国 19 世纪时最伟大的数学家。他自幼熟读《九章算术》

《四元玉鉴》等古代数学名著，又吸取西方先进的数学知识，在数论和级数论方面做出了不少独特的创造。1852年，他与英国传教士伟烈亚力合作，共同翻译了《几何原本》的后9卷，随后又翻译了《代数学》《代微积拾级》等重要数学著作。至此，变量数学在西方诞生200多年后，终于迈进了我们这个古老的国度。

近代数学时期 （19 世纪中叶—1949 年）

1840年鸦片战争以后，尤其是1911年辛亥革命以后，大批青年学子远渡重洋，历经千辛万苦，去英国、美国、法国、德国、日本寻找救国救民的真理。留学生人数之多，达到了惊人的程度，中外科学交流形成了一股潮流。

学成归国的留学生们，不仅把拓扑学、数学基础论等先进的数学知识带回了国内，也带回了国外的研究方法和培养人才的经验。国内废除了科举制度，纷纷兴办新式学校，到20世纪二三十年代已经有了一支数学教师队伍，能够独立培养中等和高等数学人才。世界著名的数学家陈省身(1911—2004)，就是国内最早的数学研究生之一。

一大批外国数学家，包括罗素、维纳、阿达玛等著名数学家，先后应邀来我国讲学。

20世纪30年代，中国已经涌现出一批世界知名的学者。陈建功(1893—1971)教授撰写的《三角级数》，是世界上第一部这方面的专著；熊庆来(1893—1969)教授有关函数论的研究，也取得了不少重要成就；

华罗庚(1910—1985)教授在数论领域深入探索,写出了数学名著《堆垒素数论》;苏步青(1902—2003)教授对微分几何的研究更是独步一时,被誉为"东方第一个几何学家"……

这一时期是中国数学的一个转折时期,已经远远落后于西方国家的中国数学,正在努力缩短与世界数学发展主流的差距。

现代数学时期 (1949—)

1949 年 10 月 1 日,中华人民共和国开国大典的隆隆礼炮,宣告了东方古国的新生。在党和国家的大力关怀下,我国的数学研究进入了一个新的发展时期。

华罗庚等许多流落海外的著名数学家,冲破重重阻隔,陆续回到了祖国。他们和国内的老数学家一起,迅速培养出一代优秀的数学人才。

短短的几十年里,中国数学迅速缩短了与世界数学发展主流的差距。不仅建国前有人研究过的数学分支,如微分几何、数论、函数论等,现在都进一步取得进展,而且在几乎所有的数学部门,都活跃着一支支攻关队伍。在有些领域内还取得了世界第一流的成就。

陈景润(1933—1996)深入探索数论的奥秘,在证明"哥德巴赫猜想"这场国际智力竞

华罗庚

华罗庚

赛中遥遥领先;杨乐、张广厚(1937—1987)辛勤发掘函数论的宝藏,取得了既新又深的第一流成果;陆家羲(1935—1983)有关组合数学的论文,被誉为"世界组合数学界 20 年来最重要的成果之一";著名数学家吴文俊(1919—2017)实现高效的几何定理的机器证明,力争让中国先哲创立的机械化算法体系在世界数学领域再领风骚……

我们深信:具有悠久历史的中国数学,一定会迅速赶上和超过世界先进水平。

计算机史话

　　几千年来，人类为了征服自然、改造自然，发明出的工具多得谁也数不清。从原始的石斧、独木舟，到现代的起重机、潜艇，虽然这些工具的作用不可同日而语，却有一点是相同的，即都是人的运动器官或感觉器官的延伸。例如，石斧、起重机是人的手臂的延伸，而独木舟、轮船则可以代步；望远镜扩展了我们的视界，无线电使我们成了"顺风耳"……

　　电子计算机也是一种工具，但它与其他的工具都不相同。

　　电子计算机是人脑的一个侧面的延伸。因为电子计算机不仅具有非凡的计算能力，速度之快令人望尘莫及，而且还能够模拟人的某些思维功能，按照一定的规则进行逻辑判断和逻辑推理，代替人的部分脑力劳动。1976年，数学家凭借电子计算机去证明四色猜想，"依靠机器完成了人没有能够完成的事情"，轰动了整个国际数学界。

　　电子计算机把人的思维更加有效地引向未知领域，仅仅从这个角度,也不难认识到电子计算机是一项多么伟大的科学发明。

早期的计算工具

　　任何一项伟大的发明,都不会是凭空产生的。电子计算机也是如此。人类寻求高速计算工具的努力,可以追溯到遥远的古代。

　　人的手指是一种天然的计算工具,也是最古老的计算工具之一。远古时期,人们借助扳着指头数数的方法,不仅获得了许多数的概念,还大大提高了计算速度。

　　可是,人的双手要干很多的事情,不能老是用来记数,于是,小石子、贝壳、小木棍、绳结等,都成了人类的计算工具。

　　在千百万次计算的实践中,中国古代人民发现,将小竹棍按一定的规则摆成各种形状,就能表示一切的自然数,能够很大地提高计算速度,于是又发明了算筹。算筹轻巧灵便,用它不仅可以进行加减乘除法运算,还能进行乘方、开方和其他代数运算,计算程序与现在算盘的运算程序基本相同。它是中国古代人民一项极为出色的创造。

　　算筹也有不足之处。运算时需要经常改变它的形状,遇到很复杂的计算问题,常常是心算已经得出某一步骤的结果,而手中的算筹仍在慢慢摆放,给人一种得心不应手的感觉。所以,大约在15世纪,算筹就被更快速的计算工具算盘所取代了。

　　在世界各种古算盘中,中国的算盘是最先进的。它用竹签串联一粒粒算珠代替一根根零散的算筹,用快速的拨珠代替缓慢的"运筹",因而既便于演算,又便于携带,算起来又快又准。尤其是通常的加减法运算,用算盘甚至比用电子计算器算得还快!

算盘已经基本具备了现代计算机的主要结构特征。例如,拨动算盘珠,也就是向算盘输入数据,这时算盘起着"存贮器"的作用;运算时,珠算口诀起着"运算指令"的作用,而算盘则起着"运算器"的作用……当然,算盘珠毕竟要靠人手来拨动,其运算速度远远比不上电子计算机,而且也根本谈不上"自动运算"。

机械计算机

世界上现存最早的一台机械计算机,是1642年由法国数学家帕斯卡发明的。这台能进行6位数加减法运算的机器问世之时,曾经轰动整个欧洲,吸引了许多人前去参观。

帕斯卡计算机是一个不太大的黄铜盒子,里面并排装着一些齿轮。每个齿轮都可以记录0—9这10个数字,几个齿轮排成一行,相当于处在个位、十位、百位等数位的位置,当低位齿轮转动10圈时,高位齿轮刚好转动1圈,从而实现了自动进位。

1694年,德国数学家莱布尼茨更上一层楼,发明了世界上第一台能进行加减乘除法运算的机械计算机。

莱布尼茨计算机是一个长100厘米、宽30厘米、高25厘米的盒子,里面用梯形轴齿轮结构代替了帕斯卡用铁钉制成的齿轮结构,从而利用齿数的变换,实现了乘除法运算。梯形轴齿轮是可变齿数齿轮的前驱,莱布尼茨的这一发明,以后长期为各种机械计算机所采用。

然而,无论是帕斯卡计算机还是莱布尼茨计算机,都没有真正走出实验室,它们造价昂贵,经常出故障而又很难修理。实际上,直到1818年托马斯计算机问世之后,计算机才逐渐成为人们得力的计算工具。

托马斯是一个法国商人,他在莱布尼茨计算机的基础上,设计出了一种比较实用的计算机,并于1821年建厂成批生产,开创了计算机制造业。使用托马斯计算机,一个操作人员只需18秒钟,就能算出两个16位数的乘积。

后来,有一位叫奥德纳的机械师,用可变齿数齿轮代替梯形轴,发明了一种更先进的机械计算机。奥德纳计算机速度更快,性能也更加完善,曾多次在国际展览会上获奖,直到20世纪20年代,一直是人们主要的计算工具之一。

机械计算机的出现,是计算技术上一个重大的进步。虽然它没有程序控制机构,还谈不上是"自动计算",但人们毕竟从中看到了"用机器代替思维"的希望。

超越时代的设想

世界上第一台能够自动运算的计算机,是1822年由英国数学家巴贝奇发明的。

巴贝奇是怎样使机器自动进行运算的呢?

这得从 18 世纪末期发生的一件事情说起。有一次，数学家普罗奈受法国政府的委托，负责组织编写三角函数表的计算工作。他周密地分析了情况，决定将计算人员分成 3 个小组。第一组由几名数学家组成，他们负责确定最佳计算方法；第二组由近 10 名熟悉数学的人组成，他们根据最佳方法算出一些关键数据，并把计算公式分解成适于一般人计算的形式；第三组有 100 多人，他们按照规定的运算顺序，对送来的数据进行简单的加减法运算。由于分工明确，100 多人如同机器一样听"指令"工作，所以很快就完成了庞大的计算。

巴贝奇从这一创举中受到启迪，1812 年，他决定按同样的原理给机器编一个有限差分的程序，让机器进行一系列简单的计算，从而自动地完成整个计算过程。经过 10 年不懈地努力，巴贝奇终于制成了一台带有固定程序的专用自动数字计算机。巴贝奇称之为"差分机"。

巴贝奇

后来，巴贝奇又从更高的角度提出了制造"分析机"的设想。他计划以蒸汽为动力，利用各种齿轮和齿条的咬合、脱离、旋转、平移等机械原理传动，并用穿孔卡片控制内部操作，使分析机不仅能代替人进行具体计算，还能代替人进行逻辑判断。

巴贝奇所设想的分析机，已经完全具备了现代计算机的基本功能，体现了现代计算机的几乎所有核心部件和主要设计思想。

由于笨重的机械根本不可能快速而灵巧地在计算机内部传递信息，执行指令，所以，尽管巴贝奇具有超群的才智，尽管他为此耗尽了毕生精力和大部分资财,也未能实际造出一台分析机来。

分析机是一种超越时代的美妙设想。

电器计算机

20世纪上半叶,科学技术的迅速发展,为实现巴贝奇美妙的设想提供了物质、技术基础。

1938年,有位叫楚泽的德国工程师,利用自己的家用器具,制成了一台纯机械结构的z-1号机。这台计算机可以自动进行运算,但计算速度很慢。那时候,电技术已经普遍应用,楚泽想:如果用电代替机械在计算机内部传递信息,运算速度一定会大大提高。1939年,他用继电器取代部分机械元件,制成了一台z-2号机,果然提高了计算机的运算速度。

第二次世界大战爆发后,楚泽的研究工作得到了德国航空研究所的赞助,1941年,他对z-2号机做了改进,制成了一台全部采用继电器的z-3号机。这是世界上第一台能自动运算的电器计算机,运算速度为20次/分,乘法只要4—5秒。它在德国飞机制造业中发挥了很大的作用。

然而,由于战争的原因,z-3号机和许多重要设计资料都毁于战火之中,而有关情况又直到60年代才获准公开,所以,z-3号机实际上对计算机的发展没有产生多大的影响。

几乎与楚泽同时,在大西洋的另一岸,有位叫艾肯的美国人也开始了电器计算机的研制工作。

1943 年，艾肯经过 4 年多的努力，制成了一台大型电器计算机 MARK - Ⅰ。这台计算机由电力控制机械部件进行基本运算，并部分采用继电器，执行乘法运算只要 3 秒钟。后来，艾肯又制成了全部采用继电器的 MARK - Ⅱ，运算速度又有所提高，乘法运算只要 0.4 秒钟。

艾肯的计算机几乎就是巴贝奇分析机的翻版，不过，艾肯事先并不知道巴贝奇的工作，他开始造机之后才从资料中"认识"了巴贝奇。艾肯对巴贝奇因技术手段的局限而失败深感惋惜，但他没有料到，他自己发明的电器计算机，差不多刚一研制成功也就过时了。

那时候，由于自动机理论日趋成熟，由于电子技术的飞速发展，一种比电器计算机更加先进的计算机已经投入实验，并已接近成功……

电子计算机

1943 年，由于反法西斯战争的紧迫需要，一个美国科研小组在军方的大力支持下，决定将电子管应用到计算机装置上，研制出一种自动高速的新型计算机。在研制人员富有成效的合作和发奋努力下，研制工作进展很顺利，不到 2 年的时间，世界上第一台电子计算机 EN-IAC 便研制成功了。

ENIAC 是"电子数值积分和计算机"的英文缩写，它耗资 48 万美元，用去 18000 个电子管、70000 个电阻、10000 个电容、1500 个继电器，是一个占地 170 平方米、重达 30 吨的庞然大物。1946 年 2 月 15

日，ENIAC 正式投入运行。它能在 1 秒钟内进行 5000 次加法运算，比当时最快的电器计算机还快 1000 多倍。

ENIAC 是计算工具史上一座不朽的里程碑。然而，从技术上看，它几乎还没有问世就已经落后了。

从 1944 年夏天起，世界著名数学大师冯·诺伊曼就参与了 ENIAC 的研制工作，并以超群的智慧对一些关键问题做出了贡献。1945 年 3 月，冯·诺伊曼起草了一份关于"离散变数自动电子计算机"（EDVAC）的设计报告，对 ENIAC 做了两项重大的改进：一是在计算机内采用二进制，大大简化了计算机的结构和运算过程；一是把程序和数据一起存贮在计算机内，使得计算机的全部运算成为真正的自动过程。尤

冯·诺伊曼

其是后一项改进，标志着电子计算机时代的真正开始。直到目前为止，几乎所有电子计算机都采用了冯·诺伊曼的这一设计思想。冯·诺伊曼也因此被誉为是"电子计算机之父"。

到 1956 年，全世界已经生产了几千台大型电子计算机，其中有的运算速度已经高达每秒几万次。这些电子计算机都以电子管为主要元件，所以叫电子管计算机。利用这一代电子计算机，人们将人造卫星送上了天。

第二代电子计算机是晶体管计算机。1956 年，美国贝尔实验室用晶体管代替电子管，制成了世界上第一台全晶体管计算机。它使计算机的体积、重量、耗电、造价都大为减少。至 20 世纪 60 年代，世

少儿科普名人名著书系

界上已生产了 3 万多台晶体管计算机,运算速度达到了 300 万次/秒。

第三代电子计算机是中小规模集成电路计算机。1962 年,美国得克萨斯公司与美国空军合作,以集成电路为计算机的基本电子元件,制成了一台实验性的样机。在这一时期,计算机的体积、功耗都进一步减少,可靠性却大为提高,运算速度达到了 4000 万次/秒。

第四代电子计算机是大规模集成电路计算机。一般认为这是 1970 年开始的事。现在,超级计算机的运算速度已达到每秒万亿次,在科学研究和经济管理中起着不可替代的作用,而微型机则使计算机的体积与成本大幅度减少,并渗透到工业生产和日常生活的各个角落。今天,要制造一台具有 ENIAC 同样功能的计算机,体积只要有它的百万分之一也就足够了。

第五代电子计算机的研制工作已经开展多年了,无论是“梦幻式”的超导计算机,还是光计算机、生物计算机、人工智能放大器,都已取得了一定的进展。这一代计算机不仅速度将超过每秒万亿次,能在更大程度上模拟人的智能,并在某些方面超过人的智能。

数学家把聪明给了电子计算机,电子计算机将使数学家变得更加聪明。

数学诺贝尔奖

诺贝尔奖是一项极高的荣誉。它"不论国籍、人种和语言，只颁予确实对人类有难以磨灭的伟大贡献的人们"。每一年12月10日下午4时30分，在瑞典王国首都斯德哥尔摩的音乐厅内，都要举行隆重的授奖仪式，瑞典国王亲临致辞，新闻媒介竞相报道，为万众所瞩目。

这项科学大奖于1901年开始颁奖，起初只设有物理、化学、生理学或医学、文学、和平事业5种奖，1968年起又增设了经济奖。

诺贝尔奖中没有数学奖！

诺贝尔为什么不设数学奖，当今世界上最高的数学奖又是什么呢？

关于诺贝尔不设数学奖，有一个流传很广的传说。在诺贝尔生活的那个时代，瑞典有位很著名的数学家叫米塔-列夫勒，他与诺贝尔之间怨恨很深。诺贝尔发现，如果设立数学奖，米塔-列夫勒就很有可能成为数学奖的获奖人，于是他干脆不设数学奖。

米塔-列夫勒有个好朋友叫约翰·查尔斯·菲尔兹，是位加拿大数学家,却由此萌发了设立数学"国际奖金"的念头。

关于菲尔兹设立数学奖,也有另外一种说法。1920年,在法国斯特拉斯堡举行了第六届国际数学家大会,由于这座城市第一次世界大战前是德国的领土,一些德国数学家就拒绝参加会议。菲尔兹觉得,这样的倾向会妨碍数学研究的国际性,于是倡议设立数学奖,以利于国际间广泛的学术交流。

1924年,在菲尔兹的热心操持下,第七届国际数学家大会在加拿大的多伦多顺利举行。在这次大会上,菲尔兹正式倡议,将这次大会结余的经费用来设置一个数学奖金。后来,菲尔兹因积劳成疾而躺下了,他将自己的一大笔财产加到大会结余的经费里,托人转交给1932年召开的第九届国际数学家大会。

菲尔兹生前曾经表示,数学奖不要以个人、国家或者机构来命名,而要用"国际奖金"的名义。然而,第九届国际数学家大会经过慎重讨论,没有采纳他的意见,决定将这项数学家可望得到的最高奖励定名为"菲尔兹奖"。从此,颁发菲尔兹奖成了每届国际数学家大会的第一项议程。

菲尔兹奖一个最大的特点,就是奖励青年人,奖励那些已有出色成就、并能对未来数学发展起重大作用的人。获奖者的年龄不得超过40岁。例如怀尔斯、汤普森、丘成桐、陶哲轩,都曾荣获菲尔兹奖,他们在获奖后仍然不断开拓,对数学做出多方面的重大贡献,跻身于世界著名数学家的行列。

菲尔兹奖为获奖者带来了荣誉,获奖者的成就又给菲尔兹奖增添了光彩。

由于国际数学家大会每隔4年召开一次,菲尔兹奖也随之每隔4年颁发一次。第一次颁奖是1936年。随着现代数学的迅速发展,数学成就越来越引起人们的关注,菲尔兹奖也越来越受到人们的重视。每当菲尔兹奖颁发之时,连一般的科学杂志也纷纷争相报道获奖人物。

　　菲尔兹奖的声誉传遍了全世界,被誉为是数学界的诺贝尔奖。

　　自1978年起,又出现了一种与诺贝尔奖金数额相当的国际数学奖——沃尔夫数学奖。这项数学大奖一两年颁发一次,对获奖人的年龄没有限制,因而能在全世界范围内按其一生的全部工作来遴选杰出数学家,如嘉当、柯尔莫哥洛夫、陈省身等获奖人,都是世界上最负盛名的数学家。

　　由于获奖人的巨大科学声誉,沃尔夫数学奖也越来越受到科学家们的重视。

数学奥林匹克

数学竞赛是一项传统的智力竞赛项目，它对于激发青少年学习数学的兴趣，拓展知识视野，培养数学思维能力，选拔数学人才，都有着重要的意义。现在，数学竞赛已成为许多国家学生数学课外活动的主要内容之一。

由于数学竞赛与体育比赛在精神上有着相通之处，大多数国家的数学竞赛都叫作"数学奥林匹克"。

最先举办数学竞赛的国家是匈牙利。早在1894年，匈牙利物理数学学会就已通过一项决议：每年为中学生举办数学竞赛。从那以后将近一个世纪的时间里，除了因世界大战和匈牙利事件中断了7年之外，这个竞赛每年10月都要举行。每次竞赛都布置3道试题，规定4小时做完，参赛者都是刚刚从中学毕业的学生。

从1923年开始，匈牙利又专门为在校学生举办了"全国中学数学竞赛"。

年复一年的数学竞赛,确实为匈牙利选拔了一批优秀的人才。费耶尔、冯·卡门、哈尔、黎斯等杰出的数学大师,都是早期数学竞赛的优胜者。他们为匈牙利数学赢得了声誉。

1934 年和 1935 年,苏联开始在列宁格勒(今圣彼得堡)和莫斯科举办中学数学竞赛,并最先冠以数学奥林匹克的名称。这两个城市的数学竞赛一直延续至今。

现在,举办全国性中学数学竞赛的国家越来越多。数学竞赛不仅在社会主义国家蓬勃开展,几乎所有的工业发达国家也都在举办数学竞赛,而且,数学竞赛也像奥运会一样,成为一种国际性的交往活动。

首届"国际数学奥林匹克"举办于 1959 年,地点在罗马尼亚首都布加勒斯特。起初,参赛的国家仅限于东欧,1967 年以后逐渐增多,并渐渐地吸引了所有中学数学教学水平较高的国家。

国际数学奥林匹克每年举办一次,没有固定的组织与章程,每年都由参加国各推举 1 人组成委员会,东道国的代表担任主席。竞赛试题从各国提供的题目中挑选。比赛在两个上午连续进行,每次 3 道试题,规定 4 小时完成。

1986 年,中国中学生组队参加在波兰华沙举行的第 27 届国际数学奥林匹克,一举夺得了 3 个一等奖、1 个二等奖和 1 个三等奖,并获团体总分第 4 名,显示了雄厚的实力。1987 年,中国中学生再次组队参加在古巴举行的第 28 届国际数学奥林匹克,参赛的 6 名选手全都获了奖,其中一、二、三等奖各 2 名。

参加数学奥林匹克的对象并不局限于高中学生。许多国家都已举办大学数学竞赛,其中,资格最老的是美国的普特南比赛,它从1938年举办起一直延续至今,参赛者都是大学低年级学生,普特南比赛的优胜者中涌现出了一批著名数学家,有3个普特南比赛的优胜者,日后又以他们独特的创造,分别荣获了菲尔兹奖。

中国是开展数学竞赛活动较早的国家之一。1956年,在北京、上海、天津、武汉四大城市举办了中国第一届数学竞赛。粉碎"四人帮"后,数学竞赛活动更是频繁。现在,中国不仅每年举办全国性的高中数学联赛,同时还举办全国性的初中数学联赛。大多数省市每年还有地区性的数学竞赛活动。另外,跨地区性的数学竞赛也不少,如武汉、广州、福州、重庆四城市的初中数学联赛等等。在一些城市里,还经常举办中学各个年级的数学竞赛活动。通过数学竞赛,激发了广大学生学习数学的积极性和立志攀登科学高峰的热情。

1986年,为了纪念著名数学家华罗庚逝世1周年,更好地发现和培养人才,中国举办了首届"华罗庚金杯"少年数学邀请赛。邀请赛分初赛、复赛、决赛3个阶段进行。全国22个城市的近150万少年参加了这一活动,声势浩大,盛况空前。

闪闪发亮的华罗庚金杯上,6个少年高举双手,托起一个巨大的金球,象征着少先队员们热爱数学,立志用科学去创造美好的未来。

华罗庚金杯

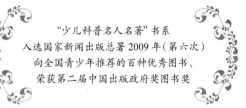

图书在版编目(CIP)数据

数学奇观/刘健飞著. -- 武汉:长江少年儿童出版社,2020.9
(少儿科普名人名著书系:典藏版)
ISBN 978-7-5721-0917-1

Ⅰ.①数… Ⅱ.①刘… Ⅲ.①数学-少儿读物 Ⅳ.①O1-49

中国版本图书馆CIP数据核字(2020)第165058号

数学奇观｜少儿科普名人名著书系:典藏版

出品人/何龙　**选题策划**/何少华　傅篌　**责任编辑**/易力　罗曼
营销编辑/唐靓　**装帧设计**/武汉青禾园平面设计有限公司
出版发行/长江少年儿童出版社　**业务电话**/027-87679105
督印/邱刚　**印刷**/武汉中科兴业印务有限公司
经销/新华书店湖北发行所　**版次**/2021年1月第1版　**印次**/2021年1月第1次印刷
开本/680×980　1/16　**印张**/18　**定价**/30.00元

本书如有印装质量问题,可向承印厂调换。